U0247737

# 阿生滋补粥

ASHENGZIBUZHOU

烹饪大师 朱奕生◎主编

吉林科学技术出版社

# 作者简介 Author

**朱奕生** 祖籍广东潮汕，国家高级烹饪技师，国际烹饪名师，广东省潮州菜烹饪协会常务理事，天下春空中花园酒店行政总厨。2005年首届厨师技能比赛被评为十佳行政总厨，2007年获国际烹饪艺术大师、中国烹饪名师称号，2009年获中华金厨奖，建国60周年餐饮业先进工作者称号，第八届中国美食节获个人金牌奖。

| 主　　编 | 朱奕生 | | | | | |
|---|---|---|---|---|---|---|
| 副 主 编 | 陈俊义 | 林茂雄 | 邵志宝 | 杨永平 | 陈楷彬 | |
| 编　　委 | 韩密和 | 刘　刚 | 高　峰 | 田国志 | 戚明春 | 张明亮 | 崔晓冬 |
| | 蒋志进 | 郎树义 | 张凤义 | 刘志刚 | 张　杰 | 姜丽丽 | 马　骐 |
| | 于小宏 | 张启为 | 刘宝锁 | 刘　强 | 王　鑫 | 刘书岑 | 王海忠 |
| | 刘建双 | 王　旭 | 李　刚 | 高乐刚 | 高乐强 | 杨竹刚 | 董　兵 |

◆ 特别鸣谢

电　话：024-8589 5555

# 前 言

　　粥在传统营养学上占有重要地位。它与汤羹类食品一样，具有制作简便、加减灵活、适应面广、易于消化吸收的特点，被誉为"世间第一补人之物"。粥是指在较多量的水中加入米或面，或在此基础上再加入其他食物或中药，煮至汤汁稠浓、水米交融的一类半流质食品。其中，以米为基础制成的粥又称稀饭；以面为基础制成的粥又称糊。《随园食单》在谈到粥时曾指出"见水不见米，非粥也；见米不见水，非粥也。必使水米融洽，柔腻如一，而后谓之粥"，进一步明确了汤羹与饭、粥的区别。

　　粥的种类很多，林林总总，统计起来也有上千种，如以原料不同可有米粥、面粥、麦粥、豆粥、菜粥、花卉粥、果粥、乳粥、肉粥、鱼粥及药粥等；从口味上可分为清粥、甜粥、咸粥。如大米粥、小米粥、山芋粥、玉米粥是清粥，清粥总要配上适合的小菜才入味；咸粥就是在粥里加进一些佐料，比如盐、生抽、蚝油等，使制作而成的粥品呈现鲜咸的口味；甜粥则是在调味中加入白糖、冰糖、蜂蜜等，突出香甜的口味，如我们常见的八宝粥就属于甜粥之列。

　　粥还包括了食疗药粥，药粥作为我国食粥的特色，集传统营养科学与烹饪科学于一体，对增进国民的健康发挥着更为重要的作用。药粥是根据传统营养学的理论，以各种养生食疗食物为主，或适当佐以中药，并经过烹调加工而成的具有相应养生食疗效用的一类粥品，又属于药膳的一个组成部分。

　　《阿生滋补粥》是一本内容丰富、功能全面的靓粥大全。本书选取了家庭中最为常见的食材，分为清淡素粥、浓香肉粥、美味海鲜粥、怡人杂粮粥、滋养药膳粥五个部分，介绍了近200款操作简单、营养丰富、口味香浓的靓粥。

　　虽然在繁忙的生活中，工作占据了太多时间，但在紧张工作之余，我们也不妨抛下俗务，走进厨房小天地，用适宜的食材、简单的调料、快捷的烹调方法，制作出一道道美味、健康的家常靓粥，与家人、朋友一起来分享，让生活变得更富姿彩。

朱奕生

2014年6月

阿生滋补粥

**·目录**

▷ 滋补粥常识篇　　[p10]

▽ 食材分类检索

　◢ 清淡素粥[p47]

　◢ 浓香肉粥[p83]

　◢ 美味海鲜粥[p127]

　◢ 怡人杂粮粥[p153]

　◢ 滋养药膳粥[p195]

▽ 索引

▷ 四季　　[p218]

　春季　Spring

　夏季　Summer

　秋季　Autumn

　冬季　Winter

▷ 人群　　[p220]

　少年　Adolescent

　女性　Female

　男性　Male

　老年　Elderly

# 滋补粥常识篇

◢ 滋补靓粥有营养 10

　五谷杂粮有营养············ 10

　靓粥食疗功效············· 11

　平衡膳食，合理营养······ 11

◢ 煲粥搭配有讲究 12

　四季煲粥巧搭配··········· 12

　五谷杂粮巧搭配··········· 13

◢ 煲粥必备原料 14

　选购大米小知识··········· 14

　特色大米常识············· 15

　大米的营养成分··········· 15

　如何识别籼米和粳米······· 16

　淘米水的妙用············· 16

　别让营养素从米粥中流失··· 17

　怎样淘米营养损失少······· 17

◢ 煲粥常用配料 20

◢ 煲粥锅具大全 24

　砂锅··················· 24

　瓦罐··················· 24

　汽锅··················· 25

　高压锅················· 25

　电饭煲················· 25

◢ 煲粥原料加工 26

　油菜加工················ 26

　西蓝花加工·············· 26

　莴笋加工················ 27

　茭白加工················ 27

　苦瓜加工················ 27

　土豆加工················ 27

　鲜竹笋加工·············· 28

　番茄去皮················ 28

　莲藕加工················ 28

　荸荠加工················ 28

　扁豆清洗················ 29

　金针菇清洗·············· 29

　让菠菜翠绿的窍门········ 29

　猪肝加工················ 30

　猪肚加工················ 30

　猪腰加工················ 30

　猪肚巧清洗·············· 30

　大肠清洗················ 31

　猪蹄收拾················ 31

　猪肉切小块·············· 31

　猪肉切丝················ 31

麻花形花刀⋯⋯⋯⋯⋯⋯⋯⋯⋯⋯ 32

猪肉剁馅⋯⋯⋯⋯⋯⋯⋯⋯⋯⋯⋯ 32

双直刀腰花⋯⋯⋯⋯⋯⋯⋯⋯⋯⋯ 32

斜直刀腰花⋯⋯⋯⋯⋯⋯⋯⋯⋯⋯ 32

鲜肉的保存⋯⋯⋯⋯⋯⋯⋯⋯⋯⋯ 33

羊肉去腥⋯⋯⋯⋯⋯⋯⋯⋯⋯⋯⋯ 33

鸡胸肉切丝⋯⋯⋯⋯⋯⋯⋯⋯⋯⋯ 34

鸡胸肉切丁⋯⋯⋯⋯⋯⋯⋯⋯⋯⋯ 34

鸡胸肉切片⋯⋯⋯⋯⋯⋯⋯⋯⋯⋯ 34

鸡胸肉剁蓉⋯⋯⋯⋯⋯⋯⋯⋯⋯⋯ 34

鸡腿剁块⋯⋯⋯⋯⋯⋯⋯⋯⋯⋯⋯ 35

鸡腿去骨切制⋯⋯⋯⋯⋯⋯⋯⋯⋯ 35

鲜鸭肠加工⋯⋯⋯⋯⋯⋯⋯⋯⋯⋯ 36

熟鸡油加工⋯⋯⋯⋯⋯⋯⋯⋯⋯⋯ 36

鸭肠清洗⋯⋯⋯⋯⋯⋯⋯⋯⋯⋯⋯ 36

鸡胸肉处理⋯⋯⋯⋯⋯⋯⋯⋯⋯⋯ 37

巧分蛋黄和蛋清⋯⋯⋯⋯⋯⋯⋯⋯ 37

鹌鹑收拾⋯⋯⋯⋯⋯⋯⋯⋯⋯⋯⋯ 37

甲鱼初加工⋯⋯⋯⋯⋯⋯⋯⋯⋯⋯ 38

黄鱼巧加工⋯⋯⋯⋯⋯⋯⋯⋯⋯⋯ 38

扇贝加工⋯⋯⋯⋯⋯⋯⋯⋯⋯⋯⋯ 39

海参巧涨发⋯⋯⋯⋯⋯⋯⋯⋯⋯⋯ 39

鲤鱼去腥筋⋯⋯⋯⋯⋯⋯⋯⋯⋯⋯ 40

鱼肉切条⋯⋯⋯⋯⋯⋯⋯⋯⋯⋯⋯ 40

鱼肉切丝⋯⋯⋯⋯⋯⋯⋯⋯⋯⋯⋯ 40

鲜虾切粒⋯⋯⋯⋯⋯⋯⋯⋯⋯⋯⋯ 41

牛蛙剁块⋯⋯⋯⋯⋯⋯⋯⋯⋯⋯⋯ 41

巧制鱼蓉⋯⋯⋯⋯⋯⋯⋯⋯⋯⋯⋯ 41

菊花形鱼肉⋯⋯⋯⋯⋯⋯⋯⋯⋯⋯ 41

▲ 煲粥秘诀和误区 42

靓粥秘诀⋯⋯⋯⋯⋯⋯⋯⋯⋯⋯⋯ 42

喝粥的六大误区⋯⋯⋯⋯⋯⋯⋯⋯ 43

▲ 煲粥之药膳粥 44

用于养生⋯⋯⋯⋯⋯⋯⋯⋯⋯⋯⋯ 44

用于急性病辅助治疗⋯⋯⋯⋯⋯⋯ 44

用于病后调理⋯⋯⋯⋯⋯⋯⋯⋯⋯ 44

用于慢性病人自我调养⋯⋯⋯⋯⋯ 44

药粥食用原则⋯⋯⋯⋯⋯⋯⋯⋯⋯ 45

辨证选粥⋯⋯⋯⋯⋯⋯⋯⋯⋯⋯⋯ 45

因时食粥⋯⋯⋯⋯⋯⋯⋯⋯⋯⋯⋯ 45

因地食粥⋯⋯⋯⋯⋯⋯⋯⋯⋯⋯⋯ 45

因人食粥⋯⋯⋯⋯⋯⋯⋯⋯⋯⋯⋯ 45

◢ 粥油营养佳　46

## PART 1 清淡素粥

菇枣糯米粥·····················48

荷叶玉米须粥···················50

山楂黑豆粥·····················51

雪梨青瓜粥·····················52

核桃木耳粥·····················53

枣杞莲耳粥·····················55

桃仁杞子粥·····················56

莲子木瓜粥·····················57

冰糖五色粥·····················58

香甜南瓜粥·····················59

红薯菜心粥·····················60

三色米粥·······················62

百合萝卜粥·····················63

太子参山楂粥···················64

首乌枣粥·······················65

南瓜百合粥·····················67

青菜米粥·······················68

山楂乌梅粥·····················69

山药枸杞豆浆粥·················70

二瓜甜米粥·····················71

蔬菜油条粥·····················72

黑芝麻大米粥···················74

枸杞生姜豆芽粥·················75

百合甜粥·······················76

赤小豆冬瓜粥···················77

桂圆姜汁粥·····················79

赤小豆南瓜粥···················80

大枣山药粥·····················81

椿芽白米粥·····················82

## PART 2 浓香肉粥

羊腩苦瓜粥·····················84

猪血粥·························86

牛肉豆芽粥·····················87

蘑菇瘦肉粥·····················88

及第米粥·······················89

羊肝胡萝卜粥···················91

荸荠猪肚粥·····················92

冬瓜鸭肉粥·····················93

强身米粥……………………… 94

猪脑米粥……………………… 95

鸭肉糯米粥…………………… 96

干贝鸡肉粥…………………… 98

当归乌鸡粥…………………… 99

骨髓大米粥…………………… 100

山药肉粥……………………… 101

人参仔鸡粥…………………… 103

鹌鹑肉豆粥…………………… 104

肝腰鱼米粥…………………… 105

三色鸡粥……………………… 106

羊肝米粥……………………… 107

烟肉白菜粥…………………… 108

双酱肉粥……………………… 110

四宝鸡粥……………………… 111

煲羊腩粥……………………… 112

萝卜羊肉粥…………………… 113

枸杞鸡肉粥…………………… 115

金银鸭粥……………………… 116

猪蹄香菇粥…………………… 117

鸽杞芪粥……………………… 118

狗肉粥………………………… 119

香葱鸡粒粥…………………… 120

豆腐菜肉粥…………………… 122

菠菜鸡粒粥…………………… 123

麻油猪肚粥…………………… 124

笋尖猪肝粥…………………… 125

皮蛋瘦肉粥…………………… 126

## PART 3 美味海鲜粥

鲅鱼黄豆粥…………………… 128

瘦肉墨鱼香菇粥……………… 130

花生鱼粥……………………… 131

黄鱼蓉粥……………………… 132

蟹柳豆腐粥…………………… 133

鲜鱼米粥……………………… 135

鲍鱼鸡粥……………………… 136

生鱼片粥……………………… 137

鱼肉糯米粥…………………… 138

芦荟海参粥…………………… 139

鲜虾菠菜粥…………………… 140

鱿鱼珧柱粥…………………… 142

香菇虾粥……………………… 143

鳝鱼浓粥……………………… 144

红枣鱼肉粥······················· 145

鱼蓉肝粥························· 147

豆豉鱼汁粥······················· 148

红枣海参淡菜粥··············· 149

大蒜海参粥····················· 150

粟米鱼粥························· 151

甲鱼浓粥························· 152

## PART 4 怡人杂粮粥

玉米瘦肉粥················· 154

莲子百宝糖粥··············· 156

金银黑米粥················· 157

雪蛤枸杞黑米粥············· 158

蒲菜玉米粥················· 159

桂花黑米粥················· 161

三米甜粥··················· 162

香甜八宝粥················· 163

莲藕黑米粥················· 164

小米红枣粥················· 165

八珍仙粥··················· 166

香芋黑米粥················· 168

荔枝西瓜粥 …………………… 169
富贵双米粥 …………………… 170
奶香黑米粥 …………………… 171
薏米南瓜粥 …………………… 173
黑糯米红绿粥 ………………… 174
燕麦小米粥 …………………… 175
黑米小米粥 …………………… 176
小米鸡蛋粥 …………………… 177
糯米蛋粥 ……………………… 178
海椰黑糯米粥 ………………… 180
薏米红枣粥 …………………… 181

粟米鸡蛋粥 …………………… 182
车前子玉米粥 ………………… 183
滋补牛蛙粥 …………………… 185
益寿红米粥 …………………… 186
黑糯米甜麦粥 ………………… 187
桂花糖藕粥 …………………… 188
小枣高粱米粥 ………………… 189
薯瓜粉粥 ……………………… 190
橘香鱼肉粥 …………………… 192
陈皮绿豆粥 …………………… 193
固肠浓米粥 …………………… 194

## PART 5 滋养药膳粥

山药地黄粥 …………………… 196
黄芪红枣粥 …………………… 198
冰糖洋参粥 …………………… 199
茯苓黄芪粥 …………………… 200
阿胶羊腰粥 …………………… 201
罗汉果杞子粥 ………………… 203
人参枸杞粥 …………………… 204
首乌芝麻粥 …………………… 205
百合玉竹粥 …………………… 206
槟榔甜粥 ……………………… 207
陈皮大米粥 …………………… 208
桂圆核桃粥 …………………… 210
桂圆姜米粥 …………………… 211
红枣枸杞粥 …………………… 212

枇杷罗汉果粥 ………………… 213
人参蜜粥 ……………………… 215
生姜葱白粥 …………………… 216
桃仁红枣粥 …………………… 217

# 滋补靓粥 有营养

粥是指在较多量的水中加入米或面，或在此基础上再加入其他食物或药料，煮至汤汁稠浓，水米交融的一类半流质食品。其中，以米为基础制成的粥又称稀饭；以面为基础制成的粥又称糊。

要制作出营养而且美味的各式滋补粥，五谷杂粮是不可缺少的。五谷杂粮主要分为禾谷类、麦类、豆类和杂粮等，一般来说，按人们的习惯，除大米和面粉为细粮外，其余的统称为粗粮、杂粮。由于加工程度的不同，大米和面粉也可分为"粗"和"细"，糙米和全麦粉为"粗"，精白米、精白面为"细"。

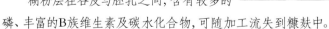

## 五谷杂粮有营养

五谷杂粮因种类的不同，在结构和成分上也有不同，因此营养价值也不同。五谷杂粮虽然有多种，但其结构基本相似，都是由谷皮、糊粉层、胚乳和胚芽等四个主要部分组成，分别占谷粒总重量的12%～14%、82%～85%、1%、2%～3%。

以谷类为例，其谷皮为谷粒的最外层，主要由纤维素、半纤维素等组成，含有一定量的蛋白质、脂肪和维生素以及较多的碳水化合物。

糊粉层在谷皮与胚乳之间，含有较多的磷、丰富的B族维生素及碳水化合物，可随加工流失到糠麸中。

胚乳是谷类的主要部分，含淀粉（约74%）、蛋白质（10%）及很少量的脂肪、碳水化合物、维生素和纤维素等。

胚芽在谷粒的一端，富含脂肪、蛋白质、无机盐、B族维生素和维生素E。其质地较软而有韧性，加工时易与胚乳分离而损失。

## 靓粥食疗功效

《 **滋补强身** 》一般情况下粥类菜品均为趁热食用，这对增加人体热量、增强体内循环、抗御寒冷、扩张汗腺等都有积极的作用，有明显的滋补强身的保健作用。

《 **保护消化器官** 》人的五脏六腑随着人体的老化而逐渐衰老，而粥能够很好地保护人体消化器官，并且能起到养颜、滋补、增加人体水分等多种养生食疗功效。

《 **营养吸收充分** 》在制作滋补粥的过程中，原料的有效营养成分均溶解于粥液中，有利于人体对营养成分的吸收、消化，我们常见的在妇女产后、病人手术后，利用鸡粥、人参羹、养颜粥等进补就是这个道理。

## 平衡膳食，合理营养

从五谷杂粮的营养价值不难看出，米面杂粮在我们的膳食生活中是相当重要的。中国营养学会于1997年发布的《中国居民膳食指南》8条中第一条就明确提出"食物多样化、谷类为主"，在我国古代《黄帝内经》中就记载有："五谷为养、五畜为益、五菜为充、五果为助"，都把谷类放在第一位，说明谷类营养，也就是五谷杂粮的营养是人体最基本的营养需要。

近年来，随着我国经济的发展，人民的

收入不断提高，在我国人民的膳食生活中，食物结构也相应地发生了很大的变化，无论在家庭或是聚餐，餐桌上动物性食品和油炸食品多了起来，而主食，尤其是粥类却很少，且追求精细。这种"高蛋白、高脂肪、高能量、低膳食纤维"三高一低的膳食结构致使我国现代"文明病"，如肥胖症、高血压、高脂血症、糖尿病、痛风等以及肿瘤的发病率不断上升，并正威胁着人类的健康和生命。

此外在我国也出现另一种情况，一些人说什么吃饭会发胖，因此只吃菜不吃饭或很少吃饭等，这种不合理的食物构成又会出现新的营养问题，最终因营养不合理而导致疾病。因此建议有不合理膳食的人要尽快纠正，做到平衡膳食，合理营养，把五谷杂粮放在餐桌上的合理位置，这才有利于健康。《中国居民平衡膳食宝塔》建议成人每天300～500g米面杂粮食品是一个较为合理的量。

# 煲粥搭配 有讲究

## ～ 四季煲粥巧搭配 ～

大自然造就了人类，人类又生活在自然环境中。一年四季气温的变化，天地运转，春作夏收，秋储冬藏，花开花落，人身也随之受到环境的影响。

古有云：春之时，其饮食之味，宜减酸益甘，以养脾气。当夏之时，其饮食之味，宜减苦增辛，以养肺气。当秋之时，其饮食之味，宜减辛增酸，以养肝气。当冬之时，其饮食之味，宜减咸而增苦，以养心气。具体的意思，其实就是要根据春夏秋冬不同气候，身体的不同状况定制不同的饮食习惯，食用不同的滋补营养粥，以保证身体的健康。

《 春 季 》春季是大自然万物复苏，阳气生发的季节，其特色气候为多雨、潮湿，细菌也开始繁殖，此时应食用具有保健防病功效的滋补粥。适宜春季食用的滋补粥有很多种，如用红枣配以黑米制作而成的红枣黑米粥，或者用粳米搭配一些绿色蔬菜，如油菜、马齿苋等熬成的粥，均能起到保肝、防止肝炎、增加免疫力的作用。

《 夏 季 》夏天气候炎热，人体的代谢相对旺盛，出汗也比较多，多食用一些具有滋补功效的粥品不仅能为人体补充必需的维生素、矿物质、氨基酸等营养素，而且还可调节口味、增加食欲、消夏防暑、防病抗衰，对健康十分有益。夏季比较常见的滋补粥有绿豆桂花粥、银耳桂圆粥、苦瓜大米粥、山楂粳米粥等，能起到解暑防瘟、强体的作用。

《 秋 季 》秋季风干物燥，必须着重补充体液和水分，而各种时令水果和蔬菜除含有各种营养素外，还有滋阴养肺、润燥生津的作用，故秋季可在熬煮米粥时，适当加些蔬菜或水果。此外秋季对于中老年人和慢性病患者，可吃些具有滋补效果的靓品，比较常见的如红枣糯米粥、胡萝卜桂圆大米粥、百合枸杞羹等，有利于养阴清热、益肺润燥和清心安神。

《 冬 季 》冬季天气寒冷，人体热量消耗大，需要适当的补养，同时受外界气温的影响，体内可以储存热量，此时的补充营养很重要，多食用滋补粥（或汤羹）是防治感冒、强身益体的有效方法。鸡粥、骨头粥、鱼茸米羹、蔬菜杂粮粥等可使人体得到充足的补充，增强人体抵抗力和净化血液的作用，能及时清除呼吸道的病毒，有效地抵御感冒病毒发生。

## 五谷杂粮巧搭配

人们在吃饭之后会产生饱感，并在一段时间内维持不想继续进食的状态，称为"饱腹感"。研究证实，不同的食物在饱腹感方面具有很大的差异。从营养素角度来说，假如给人们吃含有同样多能量的食物，那么脂肪最高的食物最不易令人产生饱感，而蛋白质和纤维含量高的食品容易让人感到饱，而且这种饱感可以维持较长时间；从食物口感的角度来说，比较粗或者比较润滑的食物容易让人感觉饱，而精细松软的食物不易带来饱感。

在生活改善之后，人们普遍以精白米饭为主食。普通精白米饭尽管热量不高，但消化速度过快，吃完之后不容易感觉饱，吃过不久就容易感觉饥饿。研究认为，白米饭的质地过

分精细、进食速度过快、消化速度过快、蛋白质含量不高，都可能是白米饭饱腹感不如人意的重要原因。相比之下，富含膳食纤维的糙米饭及杂粮制品吃起来需要更多的咀嚼，消化速度也明显放慢，便具有较好的饱腹感。因此在制作米面杂粮粥品时可按照如下原则进行搭配，可以收到意想不到的效果。

**《 在粥里面加点豆 》** 红豆、豌豆、黄豆等各种豆类不仅含有大量的膳食纤维，还能提供丰富的蛋白质，大幅度提高饱腹感。由于豆子消化速度大大低于米饭和米粥，用大米和豆子一比一地配合，可以使米粥的饱腹感明显上升。

**《 在粥里面加点菜 》** 蔬菜中的纤维素和植物多糖能增加米饭体积，其中的大量水分可以稀释热量，还能延缓胃排空，所以米粥中不妨添加一些蘑菇、冬菇、金针菇、海带、胡萝卜、蕨菜等高纤维蔬菜同吃，既能丰富花样，又能提高饱感。

**《 在粥里面加点胶 》** 燕麦、大麦等主食含有比较多的胶状物质，它们属于可溶性膳食纤维，可以提高食物的黏度，延缓消化速度。如果在煮粥时放少许燕麦，或直接加入海藻等含胶质原料，都可以帮助米粥成为更"当饱"的主食。

**《 在粥里面加点醋 》** 醋具有延缓胃排空、降低消化速度的作用，因而在熬煮一些粥品，如紫菜米粥中添加少许醋有利减肥。如果吃白米粥，配一份添加很多醋的凉菜，也可帮助达到效果。

粥 世间第一 补人之物

# 煲粥 必备原料

要制作出美味的各种粥品，其中必不可少的就是大米，而大米的种类有很多，其选购的常识我们也应该知道。另外除了大米，一些五谷杂粮，如大麦、荞麦、小米、燕麦、薏米、黄豆、绿豆、红豆等也是不可或缺的。

## 选购大米小知识

市场上米的品种越来越多，让人们购买的时候眼花缭乱，不过只要按下面的原则来选米，就没有问题啦。

看硬度：大米粒硬度主要是由蛋白质的含量所决定的，大米的硬度越强，蛋白质含量越高，透明度也越高。一般新米比陈米硬，水分低的大米比水分高的大米硬，晚稻米比早稻米硬。

看爆腰：爆腰是由于大米在干燥过程中发生急热现象后，米粒内外收缩失去平衡造成的。爆腰米食用时外烂里生，口感和营养价值要逊色一些。所以选米时要仔细观察米粒表面，如果米粒上出现一条或多条横裂纹，就说明是爆腰米，不宜购买。

看腹白：大米腹部常有一个不透明的白斑，在米粒中心部分被称为"心白"，在外腹被称为"外白"。腹白小的米是籽粒饱满的稻谷加工出来的。而含水分过高或收成不够成熟的稻谷加工出来的米，则腹白较大。

看黄粒：米粒变黄是由于大米中某些营养成分在一定的条件下发生了化学反应，或者是大米粒中所含微生物引起的。这些黄粒米香味和食味都较差，所以选购时，必须观察黄粒米的多少。

看新陈：大米陈化现象较为常见，陈米的色泽变暗，黏性降低，做出来的饭失去大米原有的香味，口感较差。一般情况下，表面呈灰粉状或有白道沟纹的米是陈米，其量越多则说明大米越陈旧。捧起大米闻一闻气味是否正常，如有发霉的气味说明是陈米。另外看米粒中是否有虫蚀粒，如果有虫蚀粒和虫尸的也说明是陈米。

## 特色大米常识

一粒小小的大米，其实大有学问，有的入口绵软，有的筋道耐嚼；有的干爽成粒，有的黏软香糯。全世界有几十亿人把稻米作为主食，稻米种植的范围从寒温带到亚热带，因而各地的大米各有特色。如今的市场上可以看到成袋装的免淘米、营养强化米、留胚米、胚芽米、有机大米、绿色大米等特色品种。

免淘米在加工的时候吹去了沙石和尘土，非常干净，不用淘洗就能下锅，减少了营养损失和风味损失。

营养强化米当中添加了特定的维生素和矿物质，其营养价值相对更高些。另外如留胚米、胚芽米等则把米胚当中的宝贵蛋白质、B族维生素、维生素E和锌等成分留下来，营养价值大大超过普通精白米。

另外大米当中的重金属残留与种大米的农田环境质量、大米中的农药残留和栽培管理措施有关。拥有"有机食品"和"绿色食品"标志的大米，证明出自清洁无污染的农田环境，而且没有使用过有毒残留农药，那么吃起来就会更加放心，风味通常也会非常令人满意。

## 大米的营养成分

大米中含有大量的淀粉。淀粉在体内消化吸收后产生能量，供应人体的生命活动，特别是大脑和神经系统的活动只喜欢使用淀粉

消化产生的葡萄糖来供应能量，而不喜欢用脂肪里面的能量。

大米里面还含有7%～8%的蛋白质。据计算，对于一个办公室工作的成年人来说，如果每天吃400克大米煮成的饭，就能获得30克蛋白质，相当于每日需要量的将近一半。

另外大米中还含有人体必需的维生素$B_1$、维生素$B_2$、尼克酸，以及钾、磷等矿物质。维生素$B_1$对于人们的工作效率和情绪都很要紧，如果缺了它，就会感觉疲乏无力、肌肉酸痛、腿脚麻木、情绪沮丧。与其他主食相比，白大米中的维生素和矿物质都比较少，比吃面食和杂粮更容易缺乏营养素。

## 如何识别籼米和粳米

稻米按其特性和形态的不同有籼米和粳米之分，籼米粒形狭长，煮出的米饭较硬；粳米粒形短圆，米饭软黏适口性好。籼米粳米中均有糯米和占米（即一般白米）之分，它们的划分是以直链淀粉含量的多少为依据，占米的直链淀粉含量因品种不同而异，一般为10%～25%，在此范围内，直链淀粉含量低的大米，饭就软、适口性好。

此外糯米的直链淀粉含量也因品种而异，在2%以内，糯米的直链淀粉含量越低，其糯性越好，做出的糕点、团子越糯黏；而按米色又可分成白米、红米、紫米，在红米和紫米中也有占米和糯米之别。

## 淘米水的妙用

★ 淘米水中有不少淀粉、维生素、蛋白质等，可用来浇灌花木，作为花木的一种营养来源，既方便又实惠。

★ 切过牛肉、羊肉、鱼肉的案板，常带有一股腥气味道，如果用淘米水来洗刷，就能去除腥气味。

★ 用淘米水浸泡各种干货，如笋干、香菇、海带、墨鱼干、腐竹、金针菇等，既易于泡胀，又容易洗净、煮透。

★ 淘米水中沉淀的白色黏液多半是淀粉，因此可将淘米水煮沸以后用来浆洗衣服，有非常好的效果。

★ 新油漆的家具，有一股油漆的臭味，用淘米水擦4～5遍，臭味就可去掉。

★ 家庭中使用的一些铁制炊具，如菜刀等，在切过蔬菜、肉类之后，如果不及时擦洗干净，非常容易生锈，如果放在淘米水中，可避免生锈。

★ 用淘米水清洗猪肚、猪肠等腥气味较浓的食物，比用精盐、苏打来清洗，更省事、省时和干净。

★ 从市场上买回的畜肉，如猪肉、牛肉等，有时上面粘附着许多脏物，用自来水冲洗时油腻腻的，不易洗净，如果用热淘米水清洗，脏物就比较容易清掉。

★ 用淘米水洗手可以去污，经常用淘米水洗手还可使皮肤滋润；另外如果用煮沸的淘米水漱口，可以治疗口臭、口腔溃疡等。

## ❀ 别让营养素从米粥中流失 ❀

米粥营养丰富，可以为我们提供充足的碳水化合物和其他营养素，但有时候我们在加工和制作米粥时，因为过度清洗、过度加热或加碱面等，不仅使米粥本来的营养流失，也达不到营养的功效。

**《 淘米流失营养素 》** 一般家庭在蒸米饭或煮粥前都是先把大米淘洗干净，我们知道维生素B类是水溶性的，又分布在米的表面部位，很容易随着淘米水溜掉。对于标准米来说，维生素$B_1$的损失可高达20%～60%。如今大米都很干净，轻轻淘洗一两次即可，而标明免淘米的品种不需要多次淘洗。不过淘米损失营养素，却会增进美味，多淘洗几次，大米的口感会更好。这就是为什么食堂喜欢做捞蒸饭的理由——通常蛋白质和矿物质含量低的时候，米饭口感更佳。

**《 加热丢失维生素 》** 烹调的时候应该尽量缩短加热的时间，其主要有两种做法：一是煮前将大米浸泡半小时左右；二是用开水煮大米，既能让自来水中的氯气挥发掉，减少对维生素$B_1$的破坏作用，也能煮得更快。

**《 加碱破坏维生素 》** 煮粥加碱的做法在我们北方地区比较常见，人们认为加碱的粥喝起来口感更好，殊不知这样做会造成维生素$B_1$的全军覆没，也会破坏维生素$B_2$和叶酸。

**《 捞蒸饭丢掉营养素 》** 有的人喜欢吃捞蒸饭，即是先把大米煮一煮，半熟的时候捞起来入蒸锅内蒸熟，因为这样米饭口感更好。还有人喜欢把凉饭用热水过一下，然后把汤扔掉。这些做法都会让维生素损失50%之多。实际上，用碗蒸饭的营养素和风味物质的损失最小，而捞蒸饭是最大的。

## ❀ 怎样淘米营养损失少 ❀

在制作米粥、豆粥等滋补粥前，我们需要先把大米、豆类等淘洗干净，很多人认为淘米就是把大米放清水中浸泡一下，去掉杂质后就可以制作米粥或豆粥类。其实看似简单的淘米，也是很有讲究的，如不得法，会使大米中的营养严重损失。人们长期习惯用生水把大米冲湿后，用力反复搓洗，这样淘米，其营养损失量可达30%左右。因为大米很大一部分维生素和矿物质都包含在米的外层，如用凉水淘，用力搓，就很容易流失。而最佳的方法是用热水淘米、煮饭，一则可使大米的表层凝固，二则搓洗次数少，其营养素的损失要比用生水少20%左右。

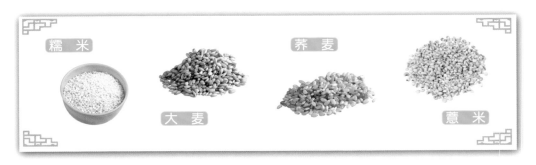

《 糯 米 》又称江米、元米,为禾本科植物稻的变种糯稻脱壳后的米粒。糯米中含有丰富的碳水化合物、脂肪、蛋白质、钙、磷、铁和维生素等,因而黏性强,可以制作各种富有特色的糯米粥。

《 大 麦 》又称饭麦、赤膊麦等,为禾本科植物大麦的果实,主要产于我国西部地区。大麦中富含糖类,约为68%~70%,粗纤维较多。经常食用大麦,可补虚弱、养五脏、壮血脉和化谷消食。

《 荞 麦 》又称荞子、乌麦等,荞麦的蛋白质含量为11%,此外还富含亚油酸等不饱和脂肪酸、钙、磷和铁,并含有维生素B$_1$、维生素B$_2$、维生素E、柠檬酸等,其性凉味甘,有清热解毒、益气宽肠的功效。

《 薏 米 》又称薏苡、回回米、薏珠子、药玉米等,是古老的作物之一,现在全国各地均有栽培。薏米的种仁含碳水化合物、脂肪、蛋白质及多种氨基酸,为深受欢迎的保健食品,有健脾、补肺、利湿、清热等功效。

《 小 米 》又称粟米、谷子、黄粟等,是一种营养价值较高的保健食品,富含蛋白质、维生素A、维生素B$_1$、维生素B$_2$、维生素E等,有滋养肾气、健康脾胃、清虚热的功效。小米可单独制成小米饭、小米粥等。

《 燕 麦 》营养价值较高,含蛋白质15%、脂肪8.5%。蛋白质中主要氨基酸含量较多,组成全面;脂肪酸中亚油酸占38%~46%。子粒中还含有其他禾谷类作物中缺乏的皂苷,故对降低胆固醇、甘油三脂有一定功效。

《 黑 米 》又称紫米、墨米等,黑米外皮一般有黑色、紫褐色、紫黑色等,其质地细密,营养价值甚高,民间素来珍视黑米,被誉为"黑珍珠",又因其在旧时被列为贡品而称为"贡米"、"珍贡米"等。

《 绿 豆 》又称青小豆、吉豆、交豆、青豆子等,为一年生草本植物,我国的绿豆品种资源非常丰富,但一般绿豆商品都按籽的皮色分为青绿、黄绿和墨绿三种类型,其中以青绿色的为最好。

《 莲 藕 》睡莲科莲属中能形成肥嫩根状茎的栽培种，多年生水生宿根草本植物。莲藕中含有丰富的蛋白质、脂肪、碳水化合物、维生素等，有消瘀清热、解渴生津、止血健胃的功能。

《 竹 笋 》为多年生常绿木本植物竹科的可食用嫩芽。竹笋中含有丰富的蛋白质、脂肪、碳水化合物、钙、铁、磷、胡萝卜素等，可以促进肠道蠕动，帮助消化，去除积食等。

《 冬 瓜 》一年生攀缘草本植物，蛋白质、碳水化合物，维生素C含量较多。此外，还含有胡萝卜素、烟酸、钙、磷、铁等，有清热、润肺、止咳、消痰、解毒、利尿的功效，可治暑热烦闷、泻痢、脚气、咳喘等病症。

《 菠 菜 》一年两生草本植物，含有较多的蛋白质、碳水化合物和各种维生素，此外菠菜还含有丰富的铁、钙等微量元素，有养血、止血、通利肠胃、健脾和中、止渴之功效。

《 仔 鸡 》仔鸡的营养价值很高，含蛋白质24%，脂肪1.7%，为高蛋白、低脂肪的美味食材。中医认为，仔鸡有温中益气、补精添髓之功效，对产后缺乳、病后虚弱、营养不良等症均有一定的治疗和保健效果。

鸭子　鹌鹑　乌鸡

《 鸭 子 》鸭子是一种重要的家禽，含有人体所需要的多种营养成分，如蛋白质、脂肪、碳水化合物、多种维生素和矿物质。鸭子有滋阴、养胃、利水和消肿的功效，除可大补虚劳外，还可消毒热、利小便等。

《 鹌 鹑 》鸟纲鸡形目鹌鹑属，鹌鹑的营养和药用价值较高，又有"动物人参"之美誉。鹌鹑富含蛋白质、多种维生素，胆固醇比较低，易于人体吸收，中医认为有补中益气、清利湿热之功效。

《 乌 鸡 》乌鸡的全身羽毛洁白，但鸡皮、鸡肉、鸡骨、鸡眼以及鸡内脏等均为黑色，因此得名乌鸡。中医认为乌鸡有补肾强肝、补气益血等功效，对妇女体虚、赤白带下及产后虚弱等症均有疗效。

**《 鱼 肉 》** 鱼的种类很多,一般分为淡水鱼、海水鱼两类。家庭在制作粥时一般去骨后取净鱼肉制作。鱼肉含有丰富的蛋白质,还含有钙、磷、铁及多种维生素,对于身体虚弱、脾胃气虚、营养不良、贫血者有非常好的食疗功效。

**《 虾 肉 》** 虾的肉质肥嫩鲜美,食之既无鱼腥味,又没有骨刺,老幼皆宜,备受大众的青睐。虾肉历来被认为既是美味,又是滋补壮阳之妙品。虾肉为高蛋白、低脂肪保健佳品。

**《 贝 肉 》** 贝类的品种有很多,其中比较常见的有蛏子、海螺、蛤蜊、毛蚶、牡蛎、海蚌等。贝肉不仅味道鲜美,而且营养也比较全面,富含蛋白质、脂肪、碳水化合物、铁、钙、磷、碘等,有滋阴、利水、化痰、软坚的功效。

**《 干 贝 》** 干贝是以江珧、日月贝等贝类的闭壳肌干制而成,呈短圆柱状,浅黄色,体侧有柱筋,是我国著名的海产"八珍"之一,为名贵的水产食品。干贝富含蛋白质、碳水化合物等,有滋阴补肾、和胃调中的功效。

**《 海 米 》** 海米是我国著名的海味品之一,是由鹰爪虾、羊毛虾、脊尾白虾、对虾、红虾、青虾等,放入盐水中焯煮后晾晒至干,装入袋中,扑打揉搓,风扬筛簸,去皮去杂而成,因如舂谷成米,故称海米。

**《 猪 蹄 》** 猪蹄细嫩味美,营养丰富,是老少皆宜的烹调原料之一。猪蹄中含有大量胶原蛋白质和少量的脂肪、碳水化合物。另外,猪蹄还含有一定量的钙、磷、铁和维生素等,有通乳脉、滑肌肤的功效。

**《 排 骨 》** 排骨根据部位的不同,可分为多种,常见的有小排、肋排、仔排、尾档骨、腔骨等。排骨有很高的营养价值,经常食用排骨可为幼儿和老人提供钙质,具有滋阴润燥、益精补血的功效。

《白 芷》白芷又称芳香、泽芬，味辛，性温，归肺、胃、大肠经，具有祛风解表、散寒止痛、除湿通窍、消肿排脓的功效，主治风寒感冒、头痛、齿痛、目痒泪出、湿盛久泻、肠风痔漏、赤白带下、痈疽疮疡、瘙痒疥癣、毒蛇咬伤。

《川 贝》川贝又称贝母、川贝母等，味苦、甘，性微寒，归肺、心经，具有清热化痰、润肺止咳、散结消肿的功效，主治虚劳久咳、肺热燥咳、肺痈吐脓、瘰疬结核、乳痈、疮肿等症。

《麦 冬》麦冬又称麦门冬，味甘，微苦，性微寒，归肺、胃、心经，具有滋阴润肺、益胃生津、清心除烦等功效，主治肺燥干咳、阴虚劳嗽、肺痈、咽喉疼痛、津伤口渴、内热消渴、肠燥便秘、心烦失眠、血热吐衄。

《陈 皮》陈皮又称橘皮、广陈皮，味辛、苦，性温，归脾、胃、肺经，具有理气和中、燥湿化痰、利水通便的功效，主治脾胃不和、不思饮食、呕吐哕逆、痰湿阻肺、咳嗽痰多、胸膈满闷、头晕目眩。

《当 归》当归又称干归、秦归、马尾归，味甘、辛、微苦，性温，归肝、心、脾经，具有补血、活血、调经止痛、润肠通便的功效，主治血虚、血瘀诸症、眩晕头痛、月经不调、经闭、痛经、虚寒腹痛、肠燥便难、跌打肿痛、痈疽疮疡。

《杜 仲》杜仲又称扯丝皮、丝棉皮，味甘、微辛，性温，归肝、肾经，具有补肝肾、强筋骨、安胎的功效，主治腰膝酸痛、阳痿、遗精、尿频、阳亢眩晕、风湿痹痛、阴下湿痒、胎动不安、漏胎小产。

《党 参》党参又称东党、台党、口党、黄参，味甘，性平，归脾、肺经，具有健脾补肺、益气养血、生津止渴的功效，主治脾胃虚弱、食少便溏、倦怠乏力、肺虚喘咳、气短懒言、自汗、血虚萎黄、口渴。

白芷

川贝

麦冬

陈皮

当归

杜仲

党参

粥 世间第一 补人之物

# 煲粥 锅具大全

想煲出既营养美味又养生的靓粥,选一口好锅是必要的,而市场上比较常见的工具有砂锅、瓦罐、汽锅、不粘锅、电饭锅、高压锅等。

## 砂 锅

砂锅是由陶泥和细沙混合烧制而成的,具有非常好的保温性,能耐酸碱、耐久煮,特别适合小火慢炖。用砂锅制作而成的靓粥香味浓郁,能更好地保存食材的原汁原味,是制作粥类菜肴的首选器具。

★ 刚买回的砂锅在第一次使用时,最好煮一次稠米稀饭,主要可以起到堵塞砂锅的微细缝隙、防止渗水的作用。如果砂锅出现了一些细裂纹,也可再煮一次米粥用来修复。

★ 从炉火上端下砂锅时,要放在干燥的木板或草垫上,千万别放在瓷砖地面或水泥地面上,以免破裂。

★ 砂锅由陶泥和细沙等烧制而成,在使用时注意严禁干烧。另外使用后的砂锅要等温度降到常温时再清洗,以免砂锅坏裂。

## 瓦 罐

瓦罐通常是由不易传热的石英、长石、黏土等配料,经过高温烧制而成,经过这一过程,原本柔软的泥罐变成了坚硬结实的瓦罐。在我国、民间用瓦罐制作靓粥或羹的历史源远流长,它除了具有良好的耐高温,传热均匀、散热慢的特性以外,还有养生的独特功效。正是因为这种特性,能让食物在瓦罐中迅速被加热,最大限度地保留原料中的营养。

★ 用瓦罐制作粥时要先用旺火烧沸,再小火慢煮,这样才能使食品内的蛋白质等尽可能地溶解出来,以便达到鲜醇味美的目的。只有小火才能使浸出物溶解更多,既清澈,又浓醇。

★ 在制作粥时,一般只往瓦罐内掺入清水或纯净水,最好不用吊制好的鲜汤,其目的是保证各种不同风味的靓粥都能保持原汁原味。

## 汽 锅

汽锅是由锅体和锅盖两部分组成。锅体中心有一下粗上细的锥形通气孔。锅盖由通气孔套在锅口上，上下汽孔相通。烹制汽锅菜肴时把汽锅放进蒸锅，用小火慢蒸煮，使蒸气由汽锅中的汽管进入汽锅，进而化汽为水，待原料熟烂即可。

★ 制作汽锅汤粥时注意不要往汽锅内注入大量水，因为汽锅的原理是在蒸炖羹粥时，锅内的水蒸气会通过气孔进入汽锅内，而形成鲜香的味汁；另外制作汽锅粥时还需要盖好汽锅盖，使全部的水蒸气进入汽锅内，从而形成汽锅汤羹原汁原味，鲜美滋补的效果。

★ 长期使用的汽锅如果有异味，可以把少许大米放入汽锅内，同时在汽锅内倒入少许水，放入蒸笼内蒸30分钟，取出汽锅，用温水清洗一下，就可以去除异味了。

## 高压锅

高压锅是家庭中常备的锅具，是利用气压的上升来提高锅内温度，从而促使食物快速成熟，从而达到省时、节能的效果。用高压锅快速制作粥，对于一些忙碌者也是一种不错的选择。另外高压锅煲粥是在一个密封的环境下，营养是不会流失的。

★ 高压锅属于高压高温作业，存在着安全隐患，所以烹饪前要对锅进行准备和检查。比如外观检查，看高压锅是否有损坏，检查排气孔、限压阀等是否通畅。

★ 高压锅加盖时，上下两个手柄必须完全重合；锅上火后待蒸汽从排气孔喷出，从而证明排气孔未被堵塞，再扣限压阀。当锅内蒸汽顶开限压阀排气时应减小火力，保持限压阀微微跳动排气。

## 电饭煲

电饭煲是一种能够进行蒸、煮、炖、煨、焖等多种加工的现代化炊具。它不但能够把食物做熟，而且能够保温，使用起来清洁卫生，没有污染，省时省力，是家庭不可缺少的用具之一，而用电饭煲制作一些靓粥食品也变得非常方便快捷。

★ 电饭煲煲粥比较适合三口之家，电饭煲能迅速导热，使粥受热均匀，并且按食物营养学原理，在中火烹饪前提下，有效遏制油烟产生，阻止食物营养流失，符合现代健康要求。

★ 制作同样量的靓粥，700瓦的电饭煲要比500瓦的电饭煲要省电，所以家庭在选购电饭煲时，可以选购功率较大的电饭锅，不仅可以省电，而且也可以节省时间。

★ 电饭煲在使用时最好不要煮酸、碱类或太咸的物质，也不宜放在潮湿处以防锈蚀。此外用电饭锅制作粥，最好有人在场，防止汤水外溢流入电器内损坏电热原件。

粥 世间第一 补人之物

# 煲粥 原料加工

滋补粥常识篇

制作粥品除了五谷杂粮外，我们还常常需要其他一些原料，如蔬菜、畜肉、禽蛋、水产、干果、鲜果等。煲粥原料的加工处理包含的内容比较多，其中可以简单分为食材清洗、食材涨发、刀工处理三大类。

原料清洗的好坏对煲粥的影响很大，清洗好的原料可以在卫生、安全方面对人体有保证。原料的刀工处理就是将不同质地的原料加工成适宜烹调需要的各种形状的技术。而在加工干品原料时，需要事先进行涨发处理，这是比较关键的。

**油菜加工**

先将油菜去除老叶。

根部剞上花刀以便入味。

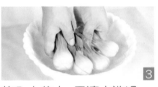

放入小盆中，用清水洗净。

捞出沥净水分即成。

**西蓝花加工**

将西蓝花去根及花柄(茎)。

用手轻轻掰成小朵。

在根部剞上浅十字花刀。

放入清水中浸泡并洗净。

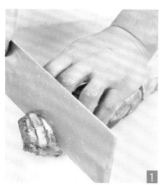

去除莴笋表面白色筋络。

③ 莴笋加工

将莴笋去老叶, 切去根部。　用刮皮刀削去外皮。　放入清水中浸泡并洗净。

将茭白剥去外层硬壳。

茭白加工

用小刀切去茭白的根蒂。　再削去茭白外层的老皮。　用淡盐水浸泡洗净即可。

## 苦瓜加工

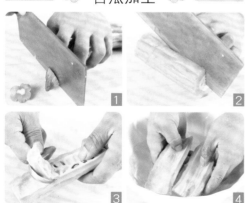

①将苦瓜洗净, 沥干水分, 切去头尾。
②再顺长将苦瓜一切两半。
③然后用小勺挖去苦瓜的籽瓤。
④用清水漂洗干净, 沥净水分, 再根据煲粥
的要求切成形即可。

## 土豆加工

①将土豆洗净, 捞出沥干, 削去外皮。
②再放入清水中漂洗干净。
③然后根据煲粥的要求, 切成各种形状。
④再放入清水中浸泡即成(可滴几滴白醋或
加入少许精盐, 以防氧化变色)。

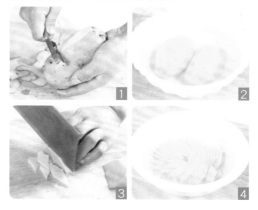

## 鲜竹笋加工

①清洗时先将鲜竹笋剥去外壳。

②再用菜刀切去竹笋的老根。

③然后用刮皮刀削去外皮，放入清水中浸泡，洗净沥干。

④再根据菜肴要求，切成各种形状即可。

## 番茄去皮

①把番茄洗净、去蒂，用小刀在表面剞上浅十字花刀。

②放入大碗中，倒入适量的沸水。

③浸烫片刻至番茄外皮裂开。

④取出番茄，撕去外皮即可。

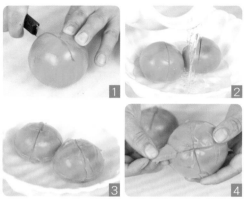

**莲藕加工**

将莲藕洗净、沥干。

放案上，切去藕节和藕根。

再用刮皮刀削去外皮。

用刀切成滚刀块即可。

**荸荠加工**

将马蹄放入清水中浸泡。

洗净沥干，去除蒂柄。

再削去外皮，取净果肉。

放入清水中浸泡即成。

扁豆掐去蒂和顶尖。

再撕去扁豆的豆筋。

放入淡盐水中拌匀。

扁豆清洗

浸泡片刻，再搓洗干净。

换清水洗净，沥去水分。

根据煲粥要求切形即可。

将鲜金针菇切去根。

撕开成小束，放入清水中。

加入少许精盐拌匀

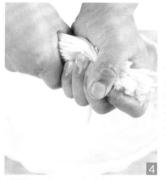

搓洗干净，沥去水分即可。

金针菇清洗

## ❀ 让菠菜翠绿的窍门 ❀

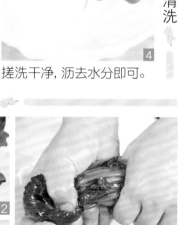

①将菠菜切去老根，择洗干净。
②放入清水盆中，加入少许精盐搅匀，洗净沥干。
③净锅置火上，加入适量清水烧沸，放入菠菜焯烫一下。
④捞出后快速用冷水浸凉。
⑤取出菠菜，轻轻攥干水分。
⑥煲粥时可以把菠菜放入粥内搅匀，可保持菠菜翠绿。

## 猪肝加工

①将新鲜的猪肝剔去白色筋膜。

②放入容器中，加入清水和精盐揉均匀。

③再捞出猪肝，用清水冲洗干净，沥干水分，放在案板上。

④根据煲粥要求切制成形即可。

## 猪肚加工

①猪肚洗净表面污物，捞出，翻转过来。

②再去除肚内的油脂、黏液和污物，用清水冲洗干净。

③然后用精盐、碱、矾和面粉揉搓均匀。

④再放入清水中漂洗干净即可。

## 猪腰加工

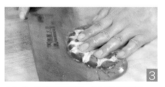

片去中间腰臊，冲洗干净。

将新鲜的猪腰剥去外膜。　放在案板上，横片成两半。　根据粥要求切成形即可。

## 猪肚巧清洗

猪肚翻过来，去除油脂。

加入精盐、面粉、米醋。　反复揉搓以去掉腥膻。　放入清水中洗干净即可。

**大肠清洗**

将大肠翻转, 放入容器中。

加入精盐、米醋搓均匀。

再换清水反复冲洗干净。

翻过来, 放清水中浸泡。

**猪蹄收拾**

把猪蹄刮去蹄甲和绒毛。

放在案板上, 从中间片开。

再用力向下砍断成两半。

然后剁成小块, 洗净即可。

## ❀ 猪肉切小块 ❀

①将猪肉去筋膜、洗净, 放在案板上。

②先切成厚片或粗条。

③再用直刀切成2厘米左右的小块。

## ❀ 猪肉切丝 ❀

①将猪肉收拾干净, 放在案板上。

②先用平刀法片成大薄片。

③再用直刀法切成丝状。

④规格有两种: 粗丝直径3毫米, 长4～8厘米; 细丝直径小于3毫米, 长4～6厘米。

31

**麻花形花刀**

肉片切5厘米、宽2厘米段。　在肉片中间划一个刀口。　刀口长约4厘米左右。

中间刀口两旁各划上一刀。　握住两端，从刀口中间穿过。　即成美观的麻花形花刀。

**猪肉剁馅**

 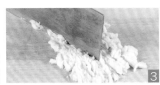 

将猪五花肉去皮、洗净。　用刀片下肥膘肉。　先切小粒，再剁成肥肉蓉。

将瘦肉部分切成小粒。　再剁成瘦肉蓉。　将肥肉和瘦肉拌匀即可。

## 双直刀腰花

①猪腰片成两半，去除腰臊，洗净沥干。

②先用直刀法在猪腰表面剞上一字刀。

③再把猪腰转一个角度，继续用直刀剞上相交的刀纹。

④相交的刀纹以45°为宜。

## 斜直刀腰花

①将猪腰片成两半，去除腰臊，洗净沥干。

②先用斜刀法在猪腰表面剞上一字刀。

③再转一个角度，用直刀剞上相交刀纹。

④然后把猪腰切成小块，放入沸水锅中略焯，捞出即可。

## ❀ 鲜肉的保存 ❀

①在家庭中保存鲜肉时,可将肉擦净水分,放在保鲜盒内。

②再淋上少许料酒,盖上保鲜盒盖。

③放入冰箱冷藏室,可贮藏2~3天不变质。

④如果需要长期保存,则需要使用保鲜膜。

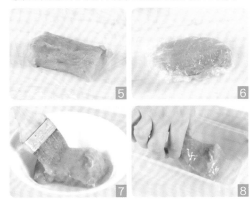

⑤先用保鲜膜将鲜肉包裹好。

⑥再放入冰箱冷冻室内冷冻保鲜即可。

⑦还可以在鲜肉的表面涂抹上少许蜂蜜。

⑧再放入保鲜盒内存放,可保存较长一段时间,且肉味更加鲜美。

## ❀ 羊肉去腥 ❀

方法一:萝卜去腥法

①将萝卜洗净、去皮,切成大块,和羊肉块一起放入冷水锅中,用旺火烧沸,撇去浮沫。

②再转用小火煮约30分钟,捞出羊肉块,换清水洗净,再进行烹制菜肴,膻味即可去除。

方法二:绿豆去腥法

将羊肉(约1000克)洗净,切成大块,再放入清水锅中,加入绿豆(约25克)煮沸10分钟,然后将水和绿豆倒掉,羊肉膻味即除。

方法三:米醋去腥法

将羊肉洗净、切块,放入沸水锅中,加入米醋煮沸(500克羊肉加入500毫升清水、25克米醋),捞出羊肉洗净后烹调,膻味即可去除。

## 鸡胸肉切丝

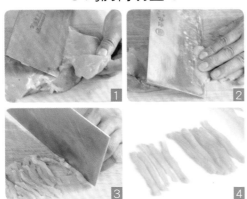

①将鸡胸肉剔去筋膜，洗净沥干。

②放在案板上，用刀片成大片。

③再将鸡肉片直刀切细，即为鸡肉丝。

④鸡肉丝有粗丝、细丝之分，用于滑炒的丝应细些，用于清炒的丝应粗些。

## 鸡胸肉切丁

①鸡胸肉洗净，剖上浅十字花刀。

②再切成1～2厘米左右的条状。

③用直刀切成大小均匀的正方体丁状。

④丁的规格有多种，家庭中可以根据煲粥的要求灵活掌握。

**鸡胸肉切片**

将整块鸡胸肉切成两半。

去除筋膜及杂质，洗净。

用平刀法对准鸡肉下刀。

即可片成大小均匀的鸡肉片。

**鸡胸肉剁蓉**

鸡胸肉去除筋膜，洗净。

先切成较细的鸡肉丝。

再切成绿豆大小的粒。

用刀背剁成鸡肉蓉即可。

将鸡腿剁去腿骨尾部。

再将刀刃对准要砍部位。

待鸡腿剁断后，抬起菜刀。

举起菜刀，用力向下砍去。

继续间隔2厘米，剁大块。

**鸡腿剁块**

先用刀将鸡腿的筋切断。

再沿腿骨将骨肉分离。

一手握腿骨，一手抓腿肉。

在表面划一刀深至骨头。

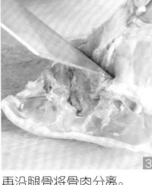

将鸡腿骨慢慢拽出来。

再剔去小骨，取净鸡腿肉。

将鸡腿肉去除筋膜。

腿肉内侧剞上十字花刀。

再切成3厘米大小的块。

**鸡腿去骨切制**

35

**鲜鸭肠加工**

1 鸭肠顺长剪开, 刮去油脂。

2 再放入清水中洗净。

3 然后加入少许白醋拌匀。

4 反复揉匀以去除腥味。

5 再换清水漂洗干净。

6 用清水浸泡即成。

**熟鸡油加工**

1 鸡腹油脂可作为熟鸡油。

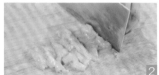

2 将鸡油洗净, 用刀切碎。

3 放入容器中, 加入葱段等。

4 入锅蒸至熔化, 取出晾凉。

5 去除葱段等杂质。

6 即为色黄而香的熟鸡油。

## 鸭肠清洗

⑤然后放入清水中漂洗干净。

⑥将清洗好的鸭肠放入冷水锅中。

⑦置旺火上烧沸, 转小火煮几分钟。

⑧捞出鸭肠, 用冷水过凉, 沥去水分, 即可作为煲粥的原料。

①将鸭肠顺长剪开, 刮去油脂。

②放入容器中, 加入适量的面粉。

③反复抓洗均匀以去除腥味。

④再加入少许白醋继续揉搓。

轻轻剔取小胸肉。

将鸡胸肉顺长切成两半。

再去除杂质和白色筋膜。

将鸡肉分成大胸和小胸肉。

鸡胸肉处理

磕开蛋壳后滤出蛋清。

或把分蛋器架在碗上。

直接把鸡蛋磕在上面。

蛋黄和蛋清就分开了。

巧分蛋黄和蛋清

## 鹌鹑收拾

⑤用手伸进鹌鹑腹腔内将内脏掏出。

⑥再用清水洗净，沥干水分即可。

⑦另外，掏出的鹌鹑肝和胃也不要丢弃。

⑧可放入鹌鹑腹腔内一起煮制成粥。

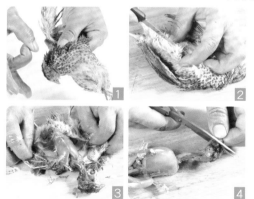

①先用手指猛弹鹌鹑后脑部，使其昏迷。

②乘其昏迷，用剪刀剪开鹌鹑腹部表皮。

③连同羽毛一起将鹌鹑的外皮撕下。

④然后用剪刀剪去嘴及脚爪。

## ❋❋ 甲鱼初加工 ❋❋

⑤捞出甲鱼，擦净水分，撕去外膜。

⑥用厨刀切开甲鱼盖。

⑦掏出甲鱼的内脏和杂质。

⑧再用清水反复漂洗干净。

①甲鱼腹部向上，用筷子插入甲鱼嘴内。

②慢慢拉伸出脖子，用利刀将脖子切开。

③把甲鱼倒立，放净甲鱼血。

④再把甲鱼放入沸水中烫一下。

## ❋❋ 黄鱼巧加工 ❋❋

①将黄鱼表面（特别应注意鱼头及腹部）的鳞片刮净。

②为了保持鱼体的完整，先在肛门处切一刀，把鱼肠切断。

③再用两根筷子从鱼嘴中通过鱼鳃伸进鱼腹部。

④然后把两根筷子并拢，朝一个方向转3～4圈。

⑤鱼内脏会缠绕在筷子上，将筷子拔出取出鱼鳃和脏器。

⑥再剪去鱼鳍，用清水洗净，擦净水分即可。

### 扇贝加工

①鲜扇贝用清水洗净,用小刀伸进壳内。

②贝壳一开为二,同时划断贝壳里的贝筋。

③用小刀贴着贝壳的底部,将扇贝肉完全剔出来即为扇贝肉。

④将扇贝肉放入淡盐水中浸泡几分钟,取出后换清水洗净。

⑤再用小刀将扇贝肉的内脏,也就是看上去黑乎乎的东西剔除。

⑥将完整的扇贝肉放入大碗中,加入少许精盐和清水浸泡5分钟。

⑦捞出贝肉,加入少许淀粉、清水洗干净。

⑧然后换清水漂洗干净,沥去水分即可。

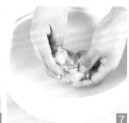

### 海参巧涨发

①水发海参是家庭中比较常用的原料,如果使用干海参,首先需要涨发。

②干海参放容器中,加热水浸泡12小时。

③捞出海参,再放入清水锅中烧沸。

④煮至海参全部回软。

⑤捞出海参,放入温水中搓洗干净。

⑥取出海参,用剪刀剪开海参的腹部。

⑦去掉海参环形骨板和海参内脏等。

⑧再把海参放入清水锅中焖煮几次直至完全涨发。

## 鲤鱼去腥筋

①将鲤鱼摔晕，刮去表面的鳞片。

②用剪刀沿鱼鳃两侧剪除鳃丝。

③再剪去胸鳍、腹鳍、背鳍、尾鳍。

④然后用剪刀剪开鲤鱼的腹部。

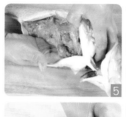 

⑤取出内脏，去净腔内杂质。

⑥再用清水冲洗干净。

⑦在鲤鱼齐鳃处切一个小刀口。

⑧从中间找出白色腥筋，用手拽出即可。

**鱼肉切条**

 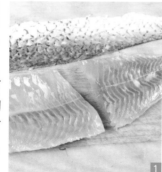 

取净鱼肉片成大厚片。　　先在表面剞上一字刀。

转角度剞上相交十字刀。

用直刀切成均匀的条。

**鱼肉切丝**

取净鱼肉切成大块。

先用斜刀法片成大片。　　再用直刀法切成丝。　　丝可以分为粗丝、细丝等。

再挑除沙线，洗净沥干。

鲜虾切粒

将鲜虾去除虾头。

用手剥去虾壳、虾尾。

 1

用刀切成大小均匀的粒。

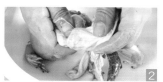 2

 3

牛蛙拍晕，在颈下切小口。

从头部朝下撕去外皮。

再用剪刀剪开腹部。

牛蛙剁块

掏去内脏和杂质。

 4

用清水洗净，剁去爪尖。

 5

再切成两半，剁成块即可。

 6

## 巧制鱼蓉

 1

 2

 3

 4

①先将净鱼肉片成厚片。

②再切成黄豆大小的粒。

③然后用刀将鱼粒剁成鱼蓉即可。

④也可以用刀背直接在鱼肉表面刮取。

## 菊花形鱼肉

①选取带皮鱼肉，直刀在鱼肉表面剞上一字刀。

②再掉转一个角度，继续剞上一字刀。

③剞花刀时，注意不要将鱼皮切破。

④滚上淀粉并抖散，即为菊花形鱼肉。

 1

 2

 3

 4

41

# 煲粥 秘诀和误区

粥 世间第一 补人之物

家庭在制作各种美味粥品时，往往需要了解一些窍门，并且了解一些误区。如煲粥如何选料、如何泡米、煲粥的顺序、如何掌握煲粥火候、喝粥的六大误区等，这里我们为您作如下详细的解释。

## 靓粥秘诀

**《 选用原料 》** 煮粥用的大米，以新米为好，而且要用粳米与糯米相互掺杂在一起效果更佳。我们知道，大米是熬粥的基本原料，一定要选择当年新鲜、无泥土、无杂质的新米。陈仓烂谷子不仅没有营养价值，还会影响身体健康，发霉的谷物所产生的黄曲霉菌是重要的致癌物质，因此不能图便宜，图省事，影响健康。

**《 洗米泡米 》** 洗米是保证粥质量的关键，民间常用的方法是箩筐淘米法。此淘洗法用水量大，城市居民应用盆淘洗，至少淘洗两遍，淘洗速度要快。煮粥前先将净米用冷水浸泡1～2小时，以使米粒膨胀开，这样熬粥节省时间，熬出的粥口感好。

**《 开水熬粥 》** 很多时候有些人认为用冷水熬煮而成的米粥口味好喝，营养也更好，而真正的行家里手却是用开水煮粥，为什么？你肯定有过冷水煮粥煳底的经验吧？开水下锅就不会有此现象，而且它比冷水熬粥更省时间。

**《 下锅顺序 》** 煮粥时要注意各种不同原料下锅的先后顺序，如不易煮烂的豆类要先放入锅内；花生、莲藕、枸杞、红枣、百合等要待粥快熟时最后放入，以保持鲜脆的感觉；煮菜粥时，应该在米粥彻底熟后，放盐、鸡精、油等调味品，最后再放生的青菜，当冷菜遭遇遇热粥，菜香会淋漓尽致地散发出来，而且青菜仍然色泽鲜嫩，营养也不会流失。

**《 掌握火候 》** 煮粥的火候是关键，有武火(大火、急火)、文火(小火)之别，必须注意掌握，火候不足则香味不出，太过则气味衰退。一般熬粥要先用大火煮沸，再转小火熬煮30～60分钟，让粥汤小滚至熟。别小看火的大小转换，粥的香味由此而出。

**《 搅拌及点油 》** 搅拌的主要作用是为了"出稠"，也就是让米粒颗颗饱满、粒粒酥稠。搅拌的技巧是开水下锅时搅几下，盖上锅盖到小火熬20分钟时，开始不停地搅动。另外在粥用小火煮10分钟时点入少许油，你会发现粥色泽鲜亮，而且入口鲜滑。

**《 粥底辅料分开煮 》** 大多数人煮粥时习惯将所有的东西全倒进锅里，其实这是不科学的，粥底是粥底，辅料是辅料，先要分头焯煮后，再搁一块熬煮片刻，且绝不超过10分钟。这样熬出来的粥清爽不混浊，每样东西的味道都熬出来了又不串味。特别是辅料为肉类及海鲜时，更应粥底和辅料分开。

**《 中药要熬汁 》** 如果粥的配方里有不能直接食用的中药材，就需要提前将中药材熬煮成药汁，过滤掉沉淀和渣子后，再加入大米熬煮成粥。有些治疗慢性疾病的食疗粥，也可以先将中药研磨成粉末，再加入粥里，与米一起来煮，这样熬出的粥，食用方便还利于吸收。

## 喝粥的六大误区

**《 喝粥会长胖 》** 常常有人认为经常喝粥容易长胖，其实喝粥不会长胖。首先因为粥里米少水多，淀粉含量并不高。又因为水多，可以增加体内新陈代谢，促进消化和吸收。粥不但营养丰富，还如水一样，有清洗机体脏器的功能。粥其实是调节人体组织机能恢复的最好润滑剂。故粥有进补之功，却无长胖之虞。

**《 喝粥养胃 》** 不少胃病患者认为粥细软，易消化，能减轻胃的负担。事实上这种观点并不全面。喝粥并不利于消化吸收，因为喝粥不用慢慢咀嚼，不能促进口腔唾液腺的分泌，而唾液中的淀粉酶可帮助消化，再者粥水分多，稀释了胃液，加速了胃的膨胀，使胃运动缓慢，不利于消化吸收。若喜欢喝热粥，其温度对胃的刺激也是不利的。因此喝粥并不能对胃有保护作用。

**《 人人适宜喝粥 》** 一般来说，熬粥的时间都比较长，加工温度也较高，大米中的淀粉部分会分解成短链糖类，造成其血糖指数增高，因此，糖尿病人不宜多喝粥。另外有些加了肉、蛋等高蛋白食物的粥品，确实含胆固醇较高，不利于患有心血管系统疾病的人食用。

**《 一日三餐只喝粥 》** 有些人认为在食欲不佳时，只要每天喝粥，就可以保证人体健康的需要。其实粥有体积大、热量密度低的特点，因此当以粥为主食时，经常会出现还不到下一顿饭时就会出现饥饿感觉，长期这样会因能量摄入不足造成消瘦，体重下降。如果以粥当作主食，应该煮得稠一些，并在两餐之间吃一些零食、点心、水果等。

**《 生滚鱼粥最健康 》** 从营养上看，鱼片粥营养丰富，对健康也比较有利，但有时候我们为了保持鱼片的味道鲜美，只将切好的鱼片放进热粥里煮很短的时间，或者把鱼片放大碗内，用热粥烫熟，这样可能导致鱼肉中的寄生虫没有被全部杀死。目前，淡水鱼受污染的情况比海鱼严重，因此，像生滚鱼粥、生滚黄鳝粥等用淡水鱼做成的粥，应尽量少喝。

**《 煮粥加碱味更美 》** 有时候家庭在煮粥时，加上少许的食用碱可使粥易熟，烂得快，煮成的粥质地黏滑，所以有些人煮粥时，习惯加入微量的碱粉。但从营养学角度看，碱会破坏米、面中的各种维生素，所以煮粥时为了更好地保护粥中的营养成分，以不加碱为好。

粥 世间第一 补人之物

# 煲粥 之药膳粥

药粥又名养生粥，是用适量的中药与适量的米谷加入一定比例的水分煮制而成。药粥既可以预防疾病，又可用以病后调养。例如干姜是中医用于温中散寒的药物，但毫无补养作用，只适用于寒证。粳米可以健脾益气，却没有散寒的力量。若用干姜5克与粳米30克相配伍，加水400毫升，煮成稀粥食用，则既可温中散寒，又可补益脾胃，成了温补脾胃、治疗脾胃虚寒的食疗良方。这说明药粥不同于纯米粥调养，而是用药物与米谷配伍的煮粥，使其相需相使，起到了协同作用。

## 用于养生

药粥之所以能起到养生作用，其一，是因为它将原料的有效营养成分，经过水和火的熬制充分溶于水中，容易被人体所消化、吸收；其二，原料经过长时间的熬制，去掉了异味或不利健康的因素而产生出美味，使有效营养成分得到充分保留，在水的作用下，丰富的营养对人体有益、对健康有利。其三，原料经过熬制后变得软、酥、烂，食用后不伤胃脾，还能促进血液循环，从而起到保健作用。

## 用于急性病辅助治疗

在治疗某些急性病的过程中，如配合服用适当的药粥，疗效则更为理想。前人有不少粥，就是专门用以治疗急性病的食疗方剂。如《食物疗病常识》一书中的"神仙粥"，用于治疗急性"四时疫气流行"。

## 用于病后调理

当人们患病初愈，身体还未完全恢复健康时，都希望吃一些滋养补益食品，而食用药粥有比较好的调理功效。因为病后初愈，人体生理机能减退，胃肠薄弱，药粥不仅营养丰富，而且易消化吸收，又能补充能量。

## 用于慢性病人自我调养

慢性病患者是非常痛苦的，往往要长年挂号看病，不断吃药打针，但仍然不能从根本上解决问题。可见有些慢性病单纯依靠药物治疗，是不易收到预期效果的。如果配合药粥作为辅助食疗方法，并能坚持长期服食，慢慢自我调理的话，可达到药半功倍，甚至能收到意想不到的效果。

## ❀ 药粥食用原则 ❀

　　各种药膳粥虽然具有制作简易、服食方便、疗效好等优点，但药膳粥也有一个最大的缺点，就是需要现煮现吃，不能长时间存放。药粥若是存放时间长，经冷却后的药粥就会分解成米是米、豆是豆、水是水了，甚至还会出现变质的情况，给机体带来副作用。因此在食用药粥的过程中要合理食粥，以保证身体的健康。

## ❀ 辨证选粥 ❀

　　食药粥作为一种中医食治疗法，在使用过程中，也应做到"根据病性，辨证选粥"。例如胃痛者，如属胃寒引起的胃痛，应吃温寒的干姜粥或槟榔粥。再如体质虚弱者，一定要根据气虚、血虚、阴虚、阳虚的不同类型，而分别采用补气、补血、补阴、补阳的药粥，切不可笼统地来个"虚则补之"。假如气虚病人吃了补阴的天门冬粥或生地粥，不但达不到补益的目的，反而有壅滞之弊，服食以后会感到胸膈滞闷、食欲减退等不良反应。

## ❀ 因时食粥 ❀

　　季节有春、夏、秋、冬之分，人们应根据气候、季节变化灵活选用各种养生粥，所以在食用时，要注意到选择药粥的夏凉冬温，如春天温暖宜升补，可选用山药粥，萝卜粥，菠菜粥等；夏天炎热宜清补，应食用清凉的荷叶粥、菊花粥、莲薏粥等，可以清热解暑，生津止渴；秋天干燥宜平补，可选用核桃粥、麦门冬粥等；冬季寒冷，则宜温补，可进食羊肉粥、狗肉粥，能起到温补元阳作用。

## ❀ 因地食粥 ❀

　　由于中药有寒、热、温、凉等不同的属性，地理位置亦有东、西、南、北、中之别，人们应根据所处地域不同，食用药粥也要加以考虑。如您地处北方，气温比较低，应以食用温补性药粥为主；南方是温暖多湿之地，应选养生粥或化湿粥为好。此外饮食习惯南甜北咸，南北有异，在煮制药粥时也可适当照顾各个地区的不同口味，适当添加一些调味品。

## ❀ 因人食粥 ❀

　　因人食粥就是根据人们年龄、性别、体质、生活习惯等不同特点，来考虑食何种药粥。如小儿虽然气血未流，脏腑娇嫩，但生机旺盛，故少用补益药粥；老年人元气已虚，常宜进食一些药粥。

# 粥油 营养佳

**粥 世间第一 补人之物**

粥在熬好后，上面浮着一层细腻、黏稠、形如膏油的物质，中医里叫作"米油"，俗称粥油。很多人对它不以为然，其实粥油具有很强的滋补作用，可以和参汤媲美。

粥油是由小米或大米熬粥后所得的。中医认为，小米和大米味甘性平，都具有补中益气、健脾和胃的作用。二者用来熬粥后，很大一部分营养进入汁水中，其中尤以粥油中最为丰富，是米粥中的精华，滋补力之强，丝毫不亚于人参、熟地等名贵的药材。清代赵学敏撰写的《本草纲目拾遗》中记载，米油"黑瘦者食之，百日即肥白，以其滋阴之功，胜于熟地，每日能撇出一碗，淡服最佳"。清

代医学家王孟英在他的《随息居饮食谱》中则认为"米油可代参汤"，因为它和人参一样具有大补元气的作用。

中医有"年过半百而阴气自半"的说法，意思是说老年人不同程度地存在着肾精不足的问题，如果常喝粥油，可以起到补益肾精、益寿延年的效果；产妇、患有慢性胃肠炎的人经常会感到元气不足，喝粥油能补益元气、增长体力，促进身体早日康复。

喝粥油的时候最好空腹，再加入少量精盐，可起到引"药"入肾经的作用，以增强粥油补肾益精的功效。据《紫林单方》记载，这种吃法还对患有性功能障碍的男性有一定的治疗作用。此外，婴幼儿在开始添加辅食时，粥油也是不错的选择。

需要注意的是，为了获得优质的粥油，煮粥所用的锅必须刷干净，不能有油污。煮的时候最好用小火慢熬，而且不能添加任何佐料。研究表明，新鲜大米的米油对胃黏膜有保护作用，适合慢性胃炎、胃溃疡患者服用，而贮存过久的陈旧大米的米油则有致溃疡的作用。因此熬粥所用的米必须是优质新米，否则粥油的滋补作用会大打折扣。

PART 1

# 清淡素粥

温中祛寒, 滋补效果佳

# 菇枣糯米粥 ＜色泽美观，软糯甜香＞

## 原　料

| 糯米 | 150克 |
| --- | --- |
| 鲜香菇 | 100克 |
| 红枣 | 50克 |
| 枸杞子 | 25克 |
| 白糖 | 3大匙 |
| 糖桂花 | 1小匙 |

## 靓粥功效

　　本款靓粥具有很好的温中祛寒的食疗功效, 对脾胃不佳、腰膝酸痛等症有比较好的滋补效果。

## 做　法

**1** 将糯米放入清水盆中淘洗干净, 取出, 再放入清水中浸泡3小时。

**2** 枸杞子用温水泡软, 洗净; 红枣去核, 洗净; 鲜香菇去蒂, 洗净, 用淡盐水浸泡片刻, 捞出。

**3** 锅中加入清水烧沸, 放入鲜香菇焯烫一下, 捞出过凉, 攥净水分, 切成丝。

**4** 锅中加入适量清水烧沸, 放入糯米再次煮沸, 下入香菇丝, 转小火煮约30分钟至米粒开花。

**5** 撇去浮沫, 放入红枣、枸杞子煮约10分钟至糯米熟烂浓稠, 加入白糖搅拌均匀, 撒上糖桂花, 出锅盛入大碗中, 上桌即成。

### 泡菜三文鱼

三文鱼+泡菜=开胃养颜, 促进机体消化

❶三文鱼放入清水中洗净, 将肉沿着背脊部切下, 片成厚薄均匀的片, 码放在盘内; 四川泡菜切成均匀的菱形块。

❷碗中先放入芥末膏, 加入精盐、泡菜汁搅散, 再放入香油、泡菜块充分调匀成味汁, 随三文鱼一起上桌, 蘸食即可。

靓粥·小菜

食材宝典

鲜香菇

♥ 选购香菇要求以菇香浓，菇肉厚实，菇面平滑，大小均匀，色泽黄褐或黑褐，菇面稍带白霜，菇褶紧实细白，菇柄短而粗壮，干燥，不霉，不碎的为优良品质，此外长得特别大的鲜香菇不要吃，因为它们多是用激素催肥的。

# 荷叶玉米须粥 <色泽淡雅，甜香味美>

## 原料

| | |
|---|---|
| 大米 | 100克 |
| 鲜荷叶 | 1张 |
| 玉米须 | 30克 |
| 冰糖 | 少许 |

## 做法

**1** 将大米放入容器中Ⓐ，淘洗干净，再放入清水中浸泡1小时Ⓑ；鲜荷叶洗净，切成3厘米见方的块；玉米须洗净。

**2** 将鲜荷叶和玉米须放入锅中，加入适量清水烧沸，再转用小火煮15分钟，去渣留汁待用。

**3** 将大米、荷叶汁放入锅中，加入冰糖及适量清水，用旺火烧沸，再改用小火煮至米烂成粥，即可装碗上桌。

### 靓粥功效

　　本款靓粥具有利尿消肿，平肝利胆的功效，主治水肿、小便淋沥、黄疸、胆囊炎、胆结石、高血压病、糖尿病、乳汁不通等。

温中益气, 补血又明目

# 山楂黑豆粥 <三色相映，甜润清香>

## 原料

| 大米 | 100克 |
|------|-------|
| 黑豆 | 50克 |
| 山楂 | 15克 |
| 冰糖 | 少许 |

## 靓粥功效

本款靓粥具有补肾滋阴、补血明目、温中益气的功效, 适于颜面起黑斑者食用。

## 做法

**1** 将山楂洗净, 切开成两半, 去掉果核, 再切成小片; 黑豆洗净, 放入清水中浸泡6小时; 大米淘洗干净, 放入清水中浸泡4小时。

**2** 将大米、黑豆放入不锈钢锅内, 加入适量的清水, 先用旺火煮沸。

**3** 转小火煮约40分钟至米粒开花时, 加入山楂片和冰糖, 继续用小火煮约10分钟至米粥熟香, 出锅装碗即可。

降火生津，消除色素沉着

# 雪梨青瓜粥 <甜润清香，爽滑味美>

## 原料

| | |
|---|---|
| 糯米 | 100克 |
| 雪梨 | 1个 |
| 青瓜（黄瓜） | 1条 |
| 山楂糕 | 1块 |
| 冰糖 | 1大匙 |

## 靓粥功效

本款靓粥具有养阴清热、降火生津、消除色素沉着等功效，对肺热、脾胃湿热导致的痤疮效果明显。

## 做法

**1** 把糯米淘洗干净，放入清水锅内煮沸，改用小火熬煮成糯米稀粥。

**2** 雪梨削去果皮，去掉果核，洗净，切成小块；青瓜刷洗干净，沥净水分，切成小条；山楂糕也切成小条。

**3** 锅置火上，倒入糯米稀粥烧煮至沸，先下入雪梨块、青瓜条和山楂条稍煮几分钟。

**4** 加入冰糖搅拌均匀，煮至冰糖完全溶化，离火出锅，盛放在大碗内即成。

# 核桃木耳粥

补中益气，养血又提神

〈米粥软糯，甜香适口〉

## 原料

| | |
|---|---|
| 大米 | 100克 |
| 核桃仁 | 20克 |
| 木耳 | 5克 |
| 红枣 | 3枚 |
| 冰糖 | 20克 |

## 靓粥功效

本款靓粥具有补中益气、养胃健脾、养血提神等功效，适用于脾胃虚弱、虚汗盗汗、全身水肿、气血不足等症。

## 做法

**1** 将木耳放入温水中泡发，去蒂，除去杂质，撕成小瓣；红枣、核桃仁均洗净。

**2** 大米淘洗干净，放入清水中浸泡2小时，放入净锅内，加入适量的清水烧煮至沸。

**3** 再加入木耳块、红枣（去掉枣核）、核桃仁调匀，再沸后撇去表面浮沫。

**4** 再改用小火炖熬，待木耳熟烂、大米成粥后，加入冰糖搅匀，出锅装碗即成。

阿生 Asheng
滋补粥

**食材宝典**

银耳

♥ 银耳是一种名贵的补益性食材，在清代以前因其是一种天然稀有珍品，价格昂贵，非一般人可以问津。自从20世纪可以人工栽培后，产量逐渐增加，现已经成为一种营养丰富的常用滋补原料，而受到人们的喜爱。

益心润肺，润肤又养颜

# 枣杞莲耳粥

<色泽美观，甜润浓香>

## 原料

| | |
|---|---|
| 大米 | 75克 |
| 银耳 | 25克 |
| 莲子 | 15克 |
| 枸杞子 | 10克 |
| 红枣 | 2枚 |
| 冰糖 | 50克 |

## 靓粥功效

本款靓粥具有益心补肾、止泻安神、滋阴润肺、养胃生津的功效，有较强的滋补健身功能，也是我国传统的润肤、养颜佳品。

## 做法

**1** 将红枣洗净，用温水浸泡至软，取出，去掉枣核；枸杞子洗净、泡软。

**2** 莲子洗净，放入清水中浸泡1小时，剥去外膜，去掉莲心，放入沸水锅中焯烫一下，捞出沥水。

**3** 银耳用温水泡发至回软，去蒂，洗净，撕成小块，放入沸水锅中焯烫一下，捞出沥水。

**4** 把大米淘洗干净，放入净锅内，加入适量的清水煮至沸，再转小火熬煮约30分钟至米粥近熟，放入银耳块、红枣和莲子。

**5** 搅拌均匀后，续煮至大米熟烂，放入枸杞子、冰糖煮至黏稠，即可出锅装碗。

### 贝尖拌双瓜

贝尖+苦瓜+黄瓜=消食开胃，美白健体

❶贝尖放入温水中，反复漂洗后捞出，沥水；苦瓜去瓤，切成菱形块，用沸水略焯，捞出过凉，沥水；黄瓜洗净，切成小块。

❷将贝尖、苦瓜块、黄瓜块放入盘中，加入姜末、蒜蓉、精盐、米醋、香油拌匀即可。

靓粥 小菜

# 桃仁杞子粥

益智补脑，防病抗衰老

〈米粥软嫩，清甜味美〉

## 原料

| | |
|---|---|
| 大米 | 150克 |
| 核桃仁 | 30克 |
| 枸杞子 | 25克 |
| 白糖 | 适量 |

## 做法

1 将大米淘洗干净，放入清水中浸泡4小时Ⓐ；核桃仁、枸杞子分别用清水洗净Ⓑ。

2 将枸杞子、核桃仁、大米一起放入锅中，加入适量清水，先用旺火煮沸。

3 再改用小火煮至米烂成粥，然后撒入白糖调匀，即可出锅装碗。

### 靓粥功效

本款靓粥具有防治动脉硬化，促进葡萄糖利用、胆固醇代谢和保护心血管的功能，经常食用既能强健身体，又能益智补脑，还能防病抗衰老。

消暑消渴, 养颜且美容

# 莲子木瓜粥 <木瓜清香，米烂莲鲜>

## 原　料

| | |
|---|---|
| 大米 | 250克 |
| 木瓜 | 150克 |
| 莲子 | 25克 |
| 白糖 | 1大匙 |

## 靓粥功效

　　本款靓粥具有健脾开胃、消暑消渴、养颜美容等功效。可用于治疗消化不良、虚热烦闷、肺虚咳嗽等症。

## 做　法

**1** 莲子剥去外皮, 用温水泡发至回软, 取出莲子, 沥净水分, 去掉莲子心。

**2** 将木瓜洗净, 削去外皮, 去掉木瓜籽, 切成小块; 大米淘洗干净, 浸泡30分钟。

**3** 将淘洗好的大米放入净锅中, 加入适量的清水, 用旺火煮沸。

**4** 再放入加工好的莲子, 改用小火续煮约45分钟, 然后放入木瓜块煮约10分钟, 加入白糖调匀, 待米粥黏稠时, 出锅装碗即可。

## 原 料

| | |
|---|---|
| 大米 | 150克 |
| 嫩玉米 | 100克 |
| 鲜香菇 | 75克 |
| 胡萝卜 | 50克 |
| 青豆 | 25克 |
| 冰糖 | 100克 |

## 靓粥功效

本款靓粥具有补中养胃、益精强志、聪耳明目、止烦止渴等功效，主治脾虚烦闷、消渴不思饮食、泄泻、下痢等症。

## 做 法

1 嫩玉米去皮，剥取嫩玉米粒；鲜香菇去蒂，用淡盐水浸泡并洗净，捞出沥水，切成小丁。

2 胡萝卜去皮，洗净，切成小丁；青豆洗净；大米淘洗干净，再用清水浸泡2小时。

3 将玉米粒、香菇丁、胡萝卜丁、青豆分别下入沸水锅中焯烫至熟，捞出沥干。

4 净锅置火上，加入大米，放入适量的清水煮沸，改用小火熬煮成米粥，再加入嫩玉米粒、香菇丁、胡萝卜丁、青豆、冰糖搅匀，即可出锅装碗。

# 冰糖五色粥

益精强志，聪耳又明目

〈色泽美观，软糯浓香〉

有效预防和改善贫血

# 香甜南瓜粥 <色泽淡雅，软糯甜香>

## 原料

| | |
|---|---|
| 南瓜 | 200克 |
| 大米 | 100克 |
| 白糖 | 适量 |

## 靓粥功效

本款靓粥中的南瓜中富含叶酸，而大米中含有矿物质铁，两者一起煮制成粥食用，有助于预防和改善贫血，消除疲劳，恢复体力。

## 做法

**1** 将南瓜去蒂，削去外皮，去掉南瓜瓤，用淡盐水浸泡并洗净，捞出沥水，切成小块。

**2** 把大米去掉杂质，再用清水淘洗干净，最后放入清水中浸泡6小时。

**3** 净锅置火上，先加入适量清水，放入大米烧煮至沸，改用中火煮30分钟。

**4** 再加入南瓜块，改用小火煮30分钟至熟透，然后加入白糖煮至溶化，即可出锅装碗。

提高人体对营养的吸收

# 红薯菜心粥 <红薯软糯，米粥清香>

## 原料

| | |
|---|---|
| 红薯 | 250克 |
| 大米 | 200克 |
| 油菜 | 100克 |
| 精盐 | 1小匙 |
| 植物油 | 适量 |

## 靓粥功效

本款靓粥可以保持血液酸碱平衡，减轻人体代谢负担，而且能够提高人体对蛋白质的吸收。特别是对患有高血压、肥胖病、胆固醇较高者有一定疗效。

## 做法

1 大米淘洗干净，用清水浸泡1小时，捞出、沥净水分；油菜去根和老叶，取油菜心，洗净，切成3厘米长小段。

2 把油菜段放入加有少许植物油的沸水锅内焯烫一下，捞出过凉、沥水。

3 红薯洗净，削去外皮，切成滚刀块，放入沸水锅中焯烫一下，捞出，用冷水过凉、沥水。

4 净锅置火上，加入适量的清水，放入大米并且用旺火煮沸，转中火煮至大米六分熟，放入红薯块，用小火煮约10分钟至粥熟。

5 再加入植物油、精盐调好口味，放入油菜段搅拌均匀，即可出锅装碗。

---

### 蜇头拌苋菜

海蜇头+苋菜=补充营养增强人体免疫力

❶ 苋菜洗净，下入沸水锅中，加入少许精盐，用大火烧沸，焯至熟烂，捞入冷水中浸泡至凉透，捞出沥水，切成3厘米长的段。

❷ 将苋菜段、水发海蜇头丝放入大碗中，加入米醋、味精、白糖、精盐拌匀，码入盘中，再撒上葱丝即成。

靓粥 小菜

食材宝典

红薯

♥ 红薯所含营养物质非常丰富，特别是其中的碳水化合物含量多达30%左右，但蛋白质和脂肪的含量较低，有补中和气、益气生津、滑肠通便之功效，可用于习惯性便秘的治疗，还可预防高血压、动脉硬化、肥胖症等疾病。

强健人体骨骼和牙齿

# 三色米粥 <米烂粥糯，口味甜香>

## 原料

| | |
|---|---|
| 大米 | 100克 |
| 木耳 | 10克 |
| 红枣 | 5枚 |
| 冰糖 | 适量 |

## 做法

**1** 木耳放入温水中泡发，去蒂后除去杂质，撕成小瓣Ⓐ，放入锅中；大米淘洗干净，放入清水中浸泡3小时Ⓑ；红枣洗净，去核。

**2** 坐锅点火，加入适量清水，放入大米、木耳块、红枣，先用旺火煮沸。

**3** 再改用小火炖煮至木耳软烂，然后加入冰糖煮匀，即可出锅装碗。

### 靓粥功效

本款靓粥具有强健骨骼和牙齿的功效，此外还有非常好的养颜补血的效果，对气血不足、贫血、血小板减少等症有一定的食疗效果。

下气消食，除痰且润肺

# 百合萝卜粥 <色泽美观，清甜味美>

## 原料

| | |
|---|---|
| 大米 | 100克 |
| 白萝卜 | 50克 |
| 百合 | 20克 |
| 枸杞子 | 少许 |
| 冰糖 | 100克 |

## 靓粥功效

本款靓粥具有下气消食、除痰润肺、解毒生津、和中止咳的功效，对肺萎肺热吐血、气胀食滞、口干痰多有效果。

## 做法

1 将大米淘洗干净，用清水浸泡1小时；百合去黑根，洗净，放入清水中浸泡2小时。

2 白萝卜去根，削去外皮，洗净，切成3厘米见方的大片；枸杞子洗净。

3 净锅置火上烧热，加入适量清水，先放入大米调匀，用小火熬煮30分钟。

4 再加入白萝卜片、百合和枸杞子调匀，继续用小火熬煮20分钟，加入冰糖调好口味，出锅装碗即成。

补益脾肺，益气又生津

# 太子参山楂粥 <清润甜香，味美入口>

## 原料

| | |
|---|---|
| 大米 | 100克 |
| 山楂 | 25克 |
| 太子参 | 10克 |
| 白糖 | 适量 |

### 靓粥功效

本款靓粥具有补益脾肺、益气生津的功效，对脾虚食少、倦怠乏力、心悸自汗、肺虚咳嗽、津亏口渴等症有一定的食疗功效。

## 做法

**1** 将太子参刷洗干净，去除杂质，放入小碗内，加入少许清水，上屉用旺火蒸10分钟，取出。

**2** 山楂洗净，去除果核，切成小片；大米淘洗干净，放入清水中浸泡6小时。

**3** 取电饭煲，放入泡好的大米，再加入山楂片、太子参，加入适量清水拌匀。

**4** 用煲粥档把大米煲至成粥，再加入白糖煲至溶化，即可出锅装碗。

# 首乌枣粥

预防和减轻动脉粥样硬

〈米粥软糯，清香甜润〉

## 原 料

| | |
|---|---|
| 大米 | 150克 |
| 薏米 | 20克 |
| 红枣 | 12枚 |
| 何首乌、熟地黄 | 各10克 |
| 冰糖 | 2大匙 |

## 靓粥功效

本款靓粥具有健脑益智、预防和减轻动脉粥样硬化、增强免疫功能以及强心护肝等功效，对高血脂、动脉硬化等有食疗功效。

## 做 法

1　将大米、薏米淘洗干净；红枣去核，洗净；何首乌、熟地黄放入锅中，加入适量清水，煎煮取汁，如此共煎取两次，合并煎汁。

2　将两次所取煎汁与红枣、大米、薏米一起倒入锅中，加入适量清水，用小火煮至大米、薏米熟烂，再撒入冰糖煮至溶化即可。

### 药料宝典

何首乌

♥ 何首乌有补肝肾、益精血、润肠通便、祛风解毒功效，主治肝肾精血不足、腰膝酸软等症。

阿生 Asheng
滋补粥

食材宝典

南瓜

♥ 南瓜既可以作为蔬菜食用，又能长期储存代替粮食，嫩南瓜可炒食、制作汤菜，最为常见的是直接蒸制，另外南瓜还是制作饺子、锅贴等小吃的馅料；老南瓜可煮成南瓜粥饭或制作一些糕点的馅料。

消滞减肥，益气又养血

# 南瓜百合粥

<色泽淡雅，清香甜美>

## 原　料

| 大米 | 200克 |
|---|---|
| 南瓜 | 150克 |
| 百合 | 100克 |
| 精盐 | 1小匙 |
| 味精 | 1/2小匙 |
| 香油 | 2小匙 |

### 靓粥功效

　　本款靓粥具有健脾养胃、消滞减肥、益气养血的功效，对脾胃虚弱、血虚萎黄、咳嗽痰多、神经衰弱有食疗功效。

## 做　法

**1** 南瓜削去外皮，切开后去掉瓜瓤，用清水浸泡并洗净，捞出，切成大块，放入沸水锅内焯烫一下，捞出南瓜块过凉，沥净水分。

**2** 大米淘洗干净，放入清水盆内浸泡30分钟，捞出沥净；百合去根，剥去外皮，用淡盐水浸泡，洗净。

**3** 百合掰成小瓣，放入沸水中焯烫一下，捞出，用冷水过凉、沥干。

**4** 净锅置火上，加入适量的清水，放入浸泡好的大米煮沸，再转小火煮约30分钟至大米近熟，放入南瓜块续煮至熟香。

**5** 然后放入百合瓣，转中火煮5分钟至汤汁黏稠，再加入精盐、味精调好口味，淋入香油，出锅盛入大碗内即可。

### 苦瓜炝羊腰

羊腰+苦瓜=对肾虚劳损、腰脊酸痛有疗效

❶锅中加入清水和精盐烧沸，分别下入羊腰条、苦瓜条焯烫至熟嫩，捞出沥水，放入甜椒条、白糖、精盐、米醋、酱油和味精拌匀，码放在盘内。

❷锅中加植物油和香油烧热，加入花椒、葱姜炸煳，捞出花椒、葱姜不用，热油淋在羊腰上即可。

靓粥·小菜

# 青菜米粥

清热解渴，健胃又安神

〈菜嫩米香，味美适口〉

## 原料

| 青菜 | 250克 |
|------|-------|
| 大米 | 100克 |
| 姜丝 | 10克 |
| 精盐 | 1小匙 |
| 味精、香油 | 各少许 |

## 做法

1. 大米淘洗干净，放入清水中浸泡4小时Ⓐ；将青菜择洗干净，切成粗丝Ⓑ。

2. 坐锅点火，加入适量清水，先下入大米，用旺火煮至沸，再转小火煮约30分钟至粥将成。

3. 然后加入青菜丝和姜丝，继续用中小火煮约10分钟至菜熟粥成。

4. 然后放上精盐、味精调好菜粥口味，淋上香油并推匀，出锅装碗即成。

生津止渴，促进消化吸收

# 山楂乌梅粥 ＜色泽美观，酸甜适口＞

## 原料

| | |
|---|---|
| 大米 | 100克 |
| 山楂 | 10克 |
| 乌梅 | 4枚 |
| 白糖 | 适量 |

## 靓粥功效

本款靓粥具有生津止渴、敛肺止咳、涩肠止泻的功效，适用于小儿食少，食即饮水之胃阴不足厌食等。

## 做法

**1** 将乌梅、山楂分别洗净，去掉果核，放在小碗内，上屉用旺火蒸10分钟，取出。

**2** 大米去掉杂质，先用清水淘洗干净，再放入清水中浸泡6小时。

**3** 不锈钢锅上火，加入适量清水，先放入乌梅、山楂、大米，用旺火煮沸。

**4** 再转小火煮约35分钟至粥熟香，然后加入白糖调匀，即可出锅装碗。

## 原料

| | |
|---|---|
| 大米 | 100克 |
| 黄豆 | 75克 |
| 山药 | 20克 |
| 枸杞子 | 15克 |
| 白糖 | 适量 |

### 靓粥功效

　　本款靓粥具有增进生理活性、消除疲劳、帮助新陈代谢等功效，适宜肾精不足、脾胃不和、脾肾阳虚、肝血不足者食用。

## 做法

**1** 将山药用清水浸泡并洗净，削去外皮，切成3厘米见方的薄片；枸杞子洗净。

**2** 将大米淘洗干净，放入清水中浸泡6小时；黄豆用清水浸泡8小时，再放入豆浆机内磨打成浆，过滤后取豆浆备用。

**3** 将大米、山药放入不锈钢锅中，加入适量清水，置旺火上煮沸。

**4** 再改用小火煮35分钟，然后加入豆浆、枸杞子、白糖续煮3分钟，即可出锅装碗。

# 山药枸杞豆浆粥

消除疲劳，帮助新陈代谢

〈红白双色，甜香适口〉

清热解毒，解毒又凉血

# 二瓜甜米粥 <色泽淡雅，软糯甜香>

## 原　料

| 大米 | 75克 |
| 丝瓜 | 1条 |
| 苦瓜 | 50克 |
| 白糖 | 1大匙 |

### 靓粥功效

本款靓粥具有清热利肠、凉血解毒、活络通经等功效，可用于咽喉肿痛、咳嗽、哮喘、便血等症。

## 做　法

**1** 将丝瓜去根，削去外皮，切开后去掉瓜瓤，用清水洗净，切成大块。

**2** 苦瓜用淡盐水浸泡并洗净，擦净水分，去掉苦瓜瓤，再切成2厘米见方的小块。

**3** 大米淘洗干净，放入不锈钢锅内，加入适量的清水，用旺火煮沸，再转小火煮约30分钟。

**4** 再加入丝瓜块、苦瓜块，继续用小火煮约10分钟至瓜熟粥香，放入白糖调匀即成。

养胃利水，解热又除烦

# 蔬菜油条粥 <色泽美观，鲜咸味美>

## 原料

| | |
|---|---|
| 大米 | 150克 |
| 油条 | 1根 |
| 小番茄 | 75克 |
| 西蓝花 | 50克 |
| 胡萝卜 | 25克 |
| 海带结 | 少许 |
| 姜末 | 10克 |
| 精盐、味精 | 各1/2小匙 |
| 高汤 | 1000克 |

### 靓粥功效

本款靓粥具有养胃利水、解热除烦、润肠通便等功效，可用于肺热咳嗽、便秘、丹毒、漆疮等症。

## 做法

1 大米淘洗干净，用清水浸泡片刻，捞出沥水；油条切成小段；小番茄去蒂，洗净，一切两半；西蓝花洗净，掰成小朵。

2 将胡萝卜洗净，削去外皮，切成小条；海带用冷水浸泡，洗净，与胡萝卜条一同放入沸水锅中焯烫一下，捞出沥水。

3 净锅置火上，加入适量的清水，放入姜末、大米，用旺火煮沸。

4 再添入高汤，放入小番茄、西蓝花瓣、胡萝卜条、海带结煮匀。

5 然后改用小火煮至米粥黏稠且熟，再放入油条段搅拌均匀，最后加入精盐、味精调好米粥口味，离火出锅，装碗上桌即可。

### 酱萝卜肉丝

猪肉丝+酱萝卜=增强机体免疫功能，提高抗病能力

❶酱萝卜切成细丝，放入凉水中浸泡30分钟，捞出沥水；猪里脊肉洗净，切成细丝，放入沸水锅内焯烫至熟嫩，捞出过凉，沥水。

❷将猪肉丝、酱萝卜丝放入容器内，加入葱段和姜丝拌匀，再加入精盐、料酒和香油调好口味，装盘上桌即成。

靓粥·小菜

食材宝典

小番茄

♥ 小番茄又名圣女果、小樱桃、珍珠小番茄、樱桃小番茄、小西红柿等，具有生津止渴、健胃消食、清热解毒、凉血平肝、补血养血和增进食欲的功效。小番茄外观玲珑可爱，含糖度很高，口味香甜鲜美，风味独特。

润肠通便，美发又养颜

# 黑芝麻大米粥 <米粥软嫩，甜香味美>

## 原料

| | |
|---|---|
| 大米 | 60克 |
| 黑芝麻 | 25克 |
| 蜂蜜 | 2小匙 |
| 白糖 | 2大匙 |
| 糖桂花 | 1小匙 |

## 做法

1. 将黑芝麻去除杂质Ⓐ，洗净晾干，再放入烧热的锅中煸炒出香味，离火、晾凉。

2. 将大米淘洗干净，放入干净的容器中，加入适量清水浸泡30分钟Ⓑ。

3. 坐锅点火，加入适量清水，先放入大米及泡米水煮沸，再转小火煮至八分熟。

4. 然后加入黑芝麻调匀，继续煮10分钟，放入蜂蜜、白糖、糖桂花搅拌均匀，继续用小火煮至粥熟，离火装碗即成。

祛寒润肤, 补血又养颜

# 枸杞生姜豆芽粥 <色泽美观, 口味清爽>

## 原料

| | |
|---|---|
| 大米 | 100克 |
| 黄豆芽 | 50克 |
| 枸杞子 | 15克 |
| 姜块 | 10克 |
| 精盐 | 少许 |

## 靓粥功效

本款靓粥具有清除肺热、滋润内脏、补血养颜、祛寒润肤等功效, 适合湿热瘀滞、口干口渴、便秘、目赤者食用。

## 做法

**1** 将黄豆芽去根, 用淡盐水浸泡并洗净, 捞出沥水; 枸杞子洗净, 泡软。

**2** 大米淘洗干净, 放入清水盆内浸泡2小时; 姜块去皮, 洗净, 切成细丝。

**3** 不锈钢锅置火上, 加入适量清水, 先放入大米、黄豆芽、姜丝, 并用旺火煮沸。

**4** 再转小火煮约35分钟至粥成, 然后加入枸杞子、精盐略煮几分钟, 即可出锅装碗。

润肺止咳，清心又安神

# 百合甜粥

<百合软嫩，米粥清香>

### 原　料

| | |
|---|---|
| 大米 | 200克 |
| 干百合 | 80克 |
| 白糖 | 100克 |

### 靓粥功效

　　本款靓粥具有润肺止咳、清心安神、养胃缓痛、补心安神等功效，适用于治疗脾胃虚弱的胃脘痛、心脾虚或心阴不足的心烦不眠症。

### 做　法

**1** 将大米放入清水中浸泡，洗净；干百合放入清水中泡发，取出放在小碗内，加上少许清水，上屉旺火蒸10分钟，取出百合。

**2** 不锈钢锅置火上，加入适量的清水，先放入大米、百合，用旺火煮沸。

**3** 再转小火煨至米烂粥熟，然后加入白糖调匀，即可出锅装碗。

# 赤小豆冬瓜粥

平衡血糖，减肥且护肤

〈色泽美观，甜香味美〉

| | |
|---|---|
| 大米 | 100克 |
| 冬瓜 | 50克 |
| 赤小豆 | 30克 |
| 白糖 | 适量 |

**靓粥功效**

　　本款靓粥具有清热利尿、减肥护肤、平衡血糖之功效，适用于暑热烦闷，水肿，肺热咳嗽等病症。

**做 法**

1 将赤小豆放清水中浸泡12小时，去除泥沙，洗净；大米淘洗干净。

2 将冬瓜去根，刷洗干净，削去外皮，去掉冬瓜瓤，再切成大小均匀的块。

3 净锅置火上，加入适量清水，先放入大米、冬瓜块、赤小豆，用旺火煮沸。

4 再转小火煮约35分钟至粥成，加入白糖调好口味，出锅装碗即成。

**食材宝典**

桂圆

♥ 桂圆为无患子科龙眼属常绿果树果实的干制品，原产于中国南方，是亚热带的珍果之一。汉代以前即已栽培，传说南越王赵佗曾以桂圆进贡给汉高祖。现栽培较多的国家有泰国、印度、越南等，我国以福建、广东、海南、广西等地为主要产区。

养心健脾、补益脑力

# 桂圆姜汁粥

<米烂圆香，甜润爽滑>

## 原料

| 大米 | 150克 |
| 桂圆 | 100克 |
| 黑豆 | 适量 |
| 鲜姜 | 25克 |
| 料酒 | 4小匙 |
| 蜂蜜 | 1大匙 |

### 靓粥功效

本款靓粥具有补血安神、补益脑力、养心健脾等功效，可用于治疗心血不足、失眠健忘、贫血、盗汗、脾虚等症。

## 做法

**1** 大米淘洗干净，放入清水中浸泡30分钟，捞出、沥干水分；桂圆剥去外壳，放入温水中浸泡至软，取出，去掉果核。

**2** 将黑豆拣去杂质，洗净，放入清水盆内浸泡4小时，捞出沥水。

**3** 鲜姜洗净，削去外皮，切成碎末，放入碗中，用蒜捶捣烂成蓉，加入料酒调拌均匀，过滤后取净姜汁。

**4** 净锅置火上，加入适量清水，放入大米和黑豆，用旺火煮沸。

**5** 转小火煮至米粥将成，撇去表面浮沫，加入桂圆肉搅拌均匀，续煮至软烂，加入净姜汁及蜂蜜搅匀，出锅盛入碗中即成。

### 猪舌拌蒜薹

猪舌+蒜薹=调和脏腑，活血，杀菌也防癌

❶蒜薹用清水洗涤整理干净，放入泡菜盐水中腌泡至入味，捞出，切成3厘米长的段；熟猪舌切成0.3厘米见方的粗丝。

❷盆中加入精盐、味精、花椒粉、白糖、生抽、葱油、红油充分调匀成味汁，加上猪舌和蒜薹拌匀，装盘上桌即成。

靓粥·小菜

# 赤小豆南瓜粥

降低血糖，保护胃黏膜

〈三色相映，软糯甜香〉

## 原　料

| | |
|---|---|
| 大米 | 100克 |
| 南瓜 | 50克 |
| 赤小豆 | 30克 |

## 做　法

1. 将赤小豆放入清水中浸泡12小时，去除泥沙，洗净；大米淘洗干净Ⓐ；南瓜洗净，去皮及瓤，切成菱形块Ⓑ。

2. 不锈钢锅置火上，加入适量清水，先放入大米、南瓜块、赤小豆，用旺火烧沸，再转小火煮约35分钟至熟香，即可装碗上桌。

### 靓粥功效

　　本款靓粥具有补中益气、清热解毒、降低血糖、保护胃黏膜等功效，适用于脾虚气弱、营养不良、肺痈、糖尿病者食用。

补中益气，止烦又止渴

# 大枣山药粥 <红白双色，甜润清香>

## 原料

| | |
|---|---|
| 大米 | 100克 |
| 山药 | 50克 |
| 大枣 | 10枚 |
| 冰糖 | 少许 |

## 靓粥功效

本款靓粥具有补中益气、益精强志、聪耳明目、和五脏、通血脉、健脾养胃、止烦、止渴、止泻等功效。

## 做法

**1** 将大米淘洗干净；红枣洗净，去掉枣核；山药削去外皮，洗净，切成大片。

**2** 将大米放入不锈钢锅内，加入适量清水，先用旺火煮沸，再转用小火煮至八分熟。

**3** 加入山药片、红枣调拌均匀，继续用小火熬煮10分钟至粥熟香。

**4** 将冰糖放入锅内，加入少许清水，熬成冰糖汁，再倒入粥锅中搅匀即成。

## 原料

| | |
|---|---|
| 大米 | 150克 |
| 香椿 | 100克 |
| 姜块 | 10克 |
| 精盐 | 少许 |

## 靓粥功效

本款靓粥具有补虚壮阳、养发生发、消炎止血、行气健胃功效,适宜肾阳虚衰、腰膝冷痛、遗精阳痿、脱发者食用。

## 做法

**1** 将大米放入清水中淘洗干净,再放清水盆内浸泡1小时;姜块去皮,洗净,切成细丝。

**2** 香椿去掉根,择去老叶,洗净,放入沸水锅内略烫一下,捞出过凉,切成小段。

**3** 不锈钢锅置火上烧热,下入大米,倒入适量清水,用旺火烧煮至沸。

**4** 改用小火熬煮至粥熟香,下入姜丝、香椿芽和精盐,继续煮10分钟,出锅装碗即成。

# 椿芽白米粥

收补虚壮阳,消炎又止血

〈米粥软糯,椿芽清香〉

# PART 2

## 浓香肉粥

温中暖下，补肾又壮阳

# 羊腩苦瓜粥 ‹瓜熟米软，羊肉清香›

## 原料

| | |
|---|---|
| 大米 | 200克 |
| 羊腩肉 | 150克 |
| 苦瓜 | 100克 |
| 燕麦 | 30克 |
| 姜片、胡椒粉 | 各少许 |
| 精盐、味精 | 各1/2小匙 |
| 料酒 | 1小匙 |

### 靓粥功效

　　本款靓粥具有益气补虚、温中暖下、补肾壮阳、生肌健力、抵御风寒的功效，适宜气管炎、哮喘、贫血、产后气血两虚者食用。

## 做法

**1** 将苦瓜洗净，沥去水分，顺长切成两半，挖去苦瓜瓤，切成大片，再放入沸水锅中，加上少许精盐焯烫至熟透，捞出过凉，沥去水分。

**2** 大米洗净，用清水浸泡30分钟；燕麦放入清水中浸泡；羊腩肉剔去筋膜，洗净血污，擦净水分，切成2厘米大小的块。

**3** 锅中加入清水煮沸，下入羊肉块焯煮5分钟，捞出洗净，沥去水分，再放入净锅内，加入适量清水，放入大米、燕麦煮沸。

**4** 撇去表面浮沫，放入姜片，转小火煮约1小时至熟嫩，捞出姜片不用。

**5** 再放入苦瓜片，加入精盐、料酒调匀，继续煮约10分钟至浓稠入味，调入味精、胡椒粉搅拌均匀，出锅盛入碗中即可。

---

### 香菇炝莴笋

莴笋+香菇=降血压，保护动脉血管

❶莴笋去皮，洗净，切成菱形片；鲜香菇去蒂，洗净，片成片；把莴笋片和香菇片分别放入沸水锅内焯烫一下，捞出沥水。

❷将莴笋片、香菇片、红椒放入容器中，加入精盐、蚝油、味精、白糖拌匀，淋上烧热的花椒油稍闷，装盘上桌即可。

靓粥·小菜

**食材宝典**

羊腩肉

❤ 羊腩肉就是羊的奶脯部分，是指贴着羊排骨的肉，基本上对应的是猪的五花肉那位置。羊腩肉营养丰富，富含蛋白质、脂肪、碳水化合物和各种微量元素，中医认为有补血益气、健脾和胃、祛脂降压等食疗功效。

润肺养血，消烦又去燥

# 猪血粥 <猪血软嫩，鲜咸适口>

## 原料

| | |
|---|---|
| 猪血 | 200克 |
| 大米 | 150克 |
| 葱花、精盐 | 各少许 |
| 味精、香油 | 各适量 |

## 做法

**1** 将大米淘洗干净Ⓐ；猪血洗净，切成小块，放入清水中浸泡片刻。

**2** 坐锅点火，加入适量清水煮沸，先放入大米熬煮成粥Ⓑ，再放入猪血块煮沸。

**3** 然后加入精盐、味精调好口味，撒上葱花，淋入香油，即可出锅装碗。

### 靓粥功效

本款靓粥具有润肺养血、消烦去燥的功效，适用于贫血及痔疮便血、老年便秘等症。

营养丰富,强身又健体

# 牛肉豆芽粥 <色泽美观,清鲜美味>

## 原 料

| | |
|---|---|
| 大米 | 250克 |
| 牛肉 | 200克 |
| 绿豆芽 | 150克 |
| 香菜 | 适量 |
| 大葱 | 15克 |
| 精盐 | 1小匙 |
| 生抽 | 2小匙 |
| 胡椒粉 | 少许 |
| 淀粉 | 1大匙 |
| 白糖 | 1/2小匙 |
| 植物油 | 4小匙 |

## 做 法

1 将大米淘洗干净,放入清水中浸泡1小时,再放入净锅内,加入适量清水熬煮成米粥。

2 香菜去根和老叶,洗净,沥水,切成碎末;大葱去根,洗净,也切成末。

3 绿豆芽洗净,沥净水分,放入烧热的油锅内炒出香味,再放入米粥锅中,加入精盐续煮5分钟。

4 将牛肉去掉筋膜,洗净血污,剁成牛肉蓉,加入精盐、白糖、生抽、植物油、淀粉拌匀,团成丸子。

5 待粥煮至将熟时,放入牛肉丸子续煮至熟,撒入香菜末、葱花和胡椒粉调匀,即可装碗上桌。

健胃补脾，润泽皮肤

# 蘑菇瘦肉粥 <粥软菇香，肉酥鲜咸>

## 原料

| | |
|---|---|
| 大米 | 150克 |
| 猪瘦肉 | 100克 |
| 鲜蘑菇 | 75克 |
| 精盐 | 1小匙 |
| 味精、香油 | 各适量 |

## 靓粥功效

本款靓粥具有滋阴润燥、健胃补脾、补肝益血、润泽皮肤的功效，适宜白细胞减少症、慢性肝炎者食用。

## 做法

1 将鲜蘑菇去蒂，用清水洗净，放入沸水锅内煮5分钟，捞出过凉，沥净水分，切成末。

2 猪瘦肉去除筋膜，洗净血污，沥净水分，切成碎末，加上少许精盐和香油拌匀。

3 净锅置火上，加入适量清水，先放入大米、蘑菇碎末煮至粥将熟时。

4 再下入猪瘦肉末续煮至粥稠肉香，然后淋入香油调匀，撒入精盐、味精调好口味，出锅装碗即成。

# 及第米粥

营养丰富，滋补强身效果佳

〈色泽美观，浓鲜适口〉

## 原料

| | |
|---|---|
| 大米 | 400克 |
| 猪粉肠 | 250克 |
| 肥瘦猪肉 | 150克 |
| 猪肝 | 100克 |
| 猪腰 | 2个 |
| 猪心 | 1个 |
| 干贝 | 25克 |
| 葱花 | 15克 |
| 精盐 | 2小匙 |
| 味精 | 1小匙 |
| 淀粉 | 1大匙 |

## 做法

1. 将干贝放在小碗内，加入少许清水，上屉用旺火蒸10分钟，取出晾凉，撕成细丝。

2. 将猪肝、猪腰、猪心分别洗涤整理干净，均切成大小均匀的片；猪粉肠洗净。

3. 肥瘦猪肉洗净，切碎后剁成蓉，加入少许淀粉、精盐、味精拌匀，捏成小肉丸；大米淘洗干净，加入少许精盐稍腌一下。

4. 坐锅点火，加入适量清水，用旺火煮沸，先放入大米、干贝和猪粉肠煮至粥将熟。

5. 捞出猪粉肠，切成片，再连同其他生料一起放入粥锅内，待煮至熟透，加入精盐、味精，撒上葱花即成。

**食材宝典**

羊肝

♥ 羊肝为羊的消化器官之一，位于羊腹腔内右上侧，羊肝分为两片，其主要功能是分泌胆汁，储存淀粉，调节蛋白质、脂肪和碳水化合物的新陈代谢，此外还有解毒、凝血等作用。羊肝色泽为褐红色，其表面光泽润滑，富有一定弹性。

滋补容颜, 养肝又明目

# 羊肝胡萝卜粥 <肉烂米香，鲜咸适口>

## 原 料

| | |
|---|---|
| 羊肝 | 250克 |
| 胡萝卜 | 200克 |
| 大米 | 75克 |
| 葱末、姜末 | 各10克 |
| 蒜末、姜汁 | 各少许 |
| 精盐、味精 | 各1小匙 |
| 料酒、植物油 | 各1大匙 |

## 靓粥功效

本款靓粥具有补血养身、滋补容颜、养肝明目的效果, 对头晕眼花、面色萎黄、心悸乏力者有很好的食疗效果。

## 做 法

1 把大米用清水淘洗干净, 放入清水中浸泡30分钟, 捞出沥水。

2 将胡萝卜洗净, 沥去水分, 削去外皮, 切成2厘米大小的丁; 羊肝剔去筋膜, 洗净血污, 擦净表面水分, 也切成2厘米大小的丁。

3 把羊肝丁放入碗中, 加入少许精盐、料酒、姜汁拌匀, 腌渍10分钟。

4 净锅置火上, 加入清水煮沸, 下入羊肝丁焯烫一下, 捞出冲净, 沥干水分。

5 锅中加入植物油烧热, 下入葱末、姜末、蒜末炒香, 放入羊肝炒匀, 加入精盐、味精略炒片刻, 盛入盘中。

6 锅中加入适量清水、大米, 用旺火煮沸, 转小火煮至粥将熟, 放入胡萝卜丁, 倒入炒好的羊肝丁熬煮15分钟, 出锅装碗即成。

### 口蘑炝菜心

口蘑+菜心=养眼护眼，防癌抗癌

❶菜心去根, 洗净, 切成3厘米长的段; 口蘑洗净, 切成小片; 胡萝卜去皮, 切成片; 全部放入沸水锅内焯烫一下, 捞出沥净。

❷将菜心段、口蘑片、胡萝卜片放入容器内, 先加入蒜末、味精、精盐拌匀, 再淋入烧热的花椒油和香油调匀, 装盘上桌即可。

靓粥·小菜

# 荸荠猪肚粥

健胃清肺，止咳又祛痰

〈猪肚软嫩，鲜咸浓香〉

## 原 料

| | |
|---|---|
| 大米 | 200克 |
| 猪肚、荸荠 | 各150克 |
| 葱段、姜片 | 各15克 |
| 精盐、味精 | 各1小匙 |
| 料酒 | 1大匙 |

## 做 法

1. 将荸荠冲洗干净，削去外皮，切成丁块；大米淘洗干净，放入清水中浸泡4小时Ⓐ。

2. 猪肚去掉白色油脂和杂质，再换清水漂洗干净Ⓑ，捞出后放入清水锅内煮10分钟，捞出猪肚，用冷水过凉，沥净水分，切成小丁。

3. 不锈钢锅置火上，加入适量清水，放入猪肚丁、葱段、姜片，烹入料酒，用小火煨煮至猪肚丁将熟，拣去葱段和姜片不用。

4. 再放入荸荠块、大米，继续煮至粥熟，然后加入精盐、味精调好口味，即可出锅装碗。

补气养阴，润肺又清热

# 冬瓜鸭肉粥 <鸭肉清香，冬瓜软嫩>

## 原　料

| | |
|---|---|
| 大米 | 300克 |
| 净鸭块 | 200克 |
| 冬瓜 | 150克 |
| 橘皮 | 10克 |
| 葱段 | 15克 |
| 姜块 | 10克 |
| 精盐 | 1小匙 |
| 味精 | 1/2小匙 |
| 料酒 | 1大匙 |
| 香油 | 适量 |

## 做　法

1 将冬瓜去皮及瓤，洗净，切成厚片；净鸭块冲洗干净，沥干水分；橘皮浸软后洗净。

2 净锅置火上，加入香油烧至六成热，下入鸭块煎爆出香味，取出沥油。

3 锅中加入清水、鸭块、葱段、姜块、橘皮、料酒煮沸，再改小火焖至鸭块熟烂，捞出鸭块，拣去葱、姜，然后加入淘洗干净的大米和冬瓜续煮至粥熟。

4 将鸭肉拆下撕碎，放入粥锅中，再加入精盐、味精调好口味，淋入香油即成。

## 原　料

| | |
|---|---|
| 大米 | 500克 |
| 羊瘦肉 | 250克 |
| 山药 | 50克 |
| 肉苁蓉、菟丝子 | 各25克 |
| 核桃仁 | 15克 |
| 羊脊骨 | 1副 |
| 葱白 | 15克 |
| 生姜 | 10克 |
| 花椒、八角 | 各2克 |
| 精盐 | 1小匙 |
| 料酒、胡椒粉 | 各适量 |

## 做　法

**1** 将羊脊骨剁成大小均匀的小块，用淡盐水浸泡并洗净，捞出沥水；羊瘦肉去掉筋膜，洗净，放入沸水锅内焯去血水，再换清水洗净，切成小条。

**2** 将山药、肉苁蓉、菟丝子、核桃仁分别洗涤整理干净，装入纱布袋中成料包；生姜、葱白洗净，拍松。

**3** 将大米淘洗干净，放入砂锅内，加入料包、生姜、葱白、羊肉条和羊骨块调匀，再加入适量清水，先置旺火上煮沸，撇去表面浮沫。

**4** 再放入花椒、八角和料酒，改用小火炖至肉烂粥稠，撒入胡椒粉、精盐调匀即可。

# 强身米粥

强身健体，滋补效果佳

〈软糯浓香，味美入口〉

益精补髓，健脑又强体

# 猪脑米粥

<猪脑软嫩，鲜咸味美>

## 原料

| | |
|---|---|
| 大米 | 100克 |
| 猪脑 | 1副 |
| 葱末、姜末 | 各10克 |
| 精盐 | 1小匙 |
| 味精、料酒 | 各少许 |

## 靓粥功效

本款靓粥具有滋阴润燥、益精补髓、健脑强体的功效，适宜肝肾阴虚、髓脑失充、头晕耳鸣、目眩及腰膝酸软者食用。

## 做法

1 将猪脑放入清水中浸泡片刻，挑除猪脑表面的血筋，再下入沸水锅内焯烫3分钟，捞出猪脑，沥净水分，切成大小均匀的块。

2 将猪脑块装入碗中，加入葱末、姜末、料酒，入笼蒸熟；大米淘洗干净。

3 坐锅点火，加入适量的清水煮沸，先放入大米和蒸猪脑的原汤熬煮至粥成。

4 再加入猪脑块、精盐、味精，并用手勺将猪脑捣散，待再次煮沸后，撒上葱末，即可装碗上桌。

开胃健脾, 养颜又美容

# 鸭肉糯米粥 <色泽淡雅，咸鲜肉香>

## 原料

| | |
|---|---|
| 糯米 | 200克 |
| 鸭胸肉 | 100克 |
| 党参、当归 | 各5克 |
| 葱末、姜末 | 各15克 |
| 精盐、味精 | 各2小匙 |
| 胡椒粉 | 适量 |
| 植物油 | 少许 |

## 靓粥功效

本款靓粥具有温补益气、开胃健脾、消肿利尿、养颜美容之功效, 适宜年老体虚、食欲不振者常食。

## 做法

**1** 将糯米用清水淘洗干净, 再放入清水盆内浸泡2小时; 党参、当归洗净, 放入小碗中, 上屉旺火蒸5分钟, 取出、沥水。

**2** 鸭胸肉剔去表面的筋膜, 洗净, 擦净水分, 切成2厘米大小的块, 放入清水锅内焯烫几分钟, 捞出鸭胸块, 再换清水冲净。

**3** 锅中加入植物油烧至六成热, 下入葱末、姜末炒出香味, 盛出。

**4** 净锅复置火上, 加入适量清水、糯米、党参、当归煮至沸; 转小火煮至米粒开花, 放入鸭肉块, 继续煮至浓稠, 撇去浮沫。

**5** 加入精盐、味精、胡椒粉调好口味, 继续煮5分钟, 倒入炒好的葱末、姜末搅拌均匀, 出锅装碗即成。

---

### 椿芽蚕豆

香椿+蚕豆=健脾开胃,增加食欲

❶鲜蚕豆仁放入清水锅中煮熟, 捞出、晾凉; 净香椿放入沸水锅中焯烫一下, 捞出过凉, 沥干水分, 切成小粒。

❷将鲜蚕豆仁、香椿粒和红辣椒块放入小盆中, 加入精盐、味精、辣椒油、鸡汤和香油调拌均匀, 装盘上桌即成。

靓粥 小菜

食材宝典

鸭肉

♥ 鸭肉主要取自鸭胸以及鸭腿，其营养丰富，可以大补虚劳、滋五脏之阴、清虚劳之热、补血行水、养胃生津、止咳自惊、清热健脾，对身体虚弱、病后体虚、营养不良性水肿有比较好的食疗效果。

强身益体，补充体力

# 干贝鸡肉粥 <浓香味美，别有风味>

## 原 料

| | |
|---|---|
| 大米 | 250克 |
| 熟鸡肉丝 | 200克 |
| 干贝 | 50克 |
| 香菇、油条 | 各适量 |
| 大葱 | 15克 |
| 精盐、味精 | 各少许 |
| 胡椒粉、香油 | 各适量 |

## 做 法

1 将干贝除去表面硬筋，冲洗干净，放入碗中，加入少许开水，入笼蒸10分钟，取出晾凉，用手撕碎，蒸干贝的原汁留用。

2 香菇用温水浸泡至发涨Ⓐ，取出，去蒂，洗净，切成细丁Ⓑ；油条切成小粒；大葱去根和老叶，切成葱花。

3 锅中加入适量清水煮沸，下入淘洗干净的大米、香菇丁煮沸，再改用小火熬煮至粥浓米烂。

4 然后下入干贝碎及蒸干贝的原汁，再加入熟鸡肉丝煮沸，再加入精盐、味精、香油、胡椒粉调味，盛入碗内，撒上葱花、油条粒即成。

98

补益气血,对贫血乏力有效果

# 当归乌鸡粥 <鸡肉清香，米粥软糯>

## 原料

| | |
|---|---|
| 大米 | 250克 |
| 净乌鸡 | 1只 |
| 当归 | 30克 |
| 葱段、姜片 | 各10克 |
| 精盐、味精、料酒各少许 | |

## 靓粥功效

本款靓粥具有补益气血、补气升阳、固表止汗的功效,适用于久病体虚、气血双虚的贫血、乏力、自汗者。

## 做法

1 将当归用温水浸泡至发透,再换清水洗净,用纱布包好;大米淘洗干净。

2 乌鸡洗涤整理干净,放入沸水中焯烫一下,捞出,用冷水过凉,沥净水分。

3 锅置旺火上,加入适量清水,先放入当归、乌鸡、葱段、姜片、料酒煮沸。

4 再改用小火煨煮至汤浓鸡烂,捞出乌鸡,拣去当归、葱段和姜片。

5 然后加入大米,熬煮至粥熟,再将乌鸡肉撕碎,放入粥中,加入精盐、味精调味,即可装碗。

滋补精髓，补益肾阴

# 骨髓大米粥 <骨髓软嫩，米粥清香>

## 原 料

| | |
|---|---|
| 大米 | 150克 |
| 猪骨髓 | 100克 |
| 芝麻 | 50克 |
| 精盐 | 适量 |

## 靓粥功效

本款靓粥具有补精髓、益肾阴等功效，主治肾阴不足、下肢痿弱、骨蒸痨热、烦渴多饮、精血亏虚、形体消瘦、头昏耳鸣、腰膝酸软等症。

## 做 法

1 将猪骨髓洗净，切成碎末，放入锅中，用小火熬出骨髓油，再倒入装有适量清水的碗中，待凝固后取出，翻面去除杂质。

2 大米淘洗干净，再放入清水中浸泡1小时；把芝麻放入热锅内煸炒至熟香，出锅、晾凉。

3 净锅置火上，先放入适量清水，再加入淘洗干净的大米煮沸，转中小火熬煮成米粥。

4 再加入骨髓油和精盐煮沸，然后撒上熟芝麻调匀，即可出锅装碗。

# 山药肉粥

益中补气，健脾又补虚

〈肉嫩米香，鲜咸适口〉

## 原　料

| 大米 | 200克 |
| 羊肋肉 | 100克 |
| 山药 | 50克 |
| 姜片 | 5克 |
| 精盐 | 1小匙 |
| 味精 | 1/2小匙 |
| 香油 | 适量 |

### 靓粥功效

　　本款靓粥具有益中补气、健脾胃、补肺虚的食疗功效，主治焦虚寒所致的腹痛、肋痛、产后血虚腹痛等症。

## 做　法

**1** 将大米淘洗干净，再放入清水盆内浸泡2小时；山药去根，削去外皮，用淡盐水浸泡并袭洗净，取出，沥净水分，切成小块。

**2** 将羊肋肉去净筋膜，用清水洗净血污，捞出，沥净水分，剁成碎末。

**3** 不锈钢锅上火，加入适量清水，先放入大米、羊肉碎末、山药、姜片旺火煮沸。

**4** 再转小火煮至米烂粥熟，然后淋入香油，加入精盐、味精调匀，即可出锅装碗。

**食材宝典**

仔鸡

♥ 仔鸡是指生长刚成熟但未配育过的小公鸡；或饲育期在三个月内(依各品种不同稍有差异)、体重达500～750克的小鸡。仔鸡含有丰富的蛋白质(老鸡肉含蛋白质少)，且结缔组织极少，所以容易被人体的消化器官所吸收。

补气养血，健体又益颜

# 人参仔鸡粥

<鸡肉软嫩，米粥浓香>

## 原 料

| 大米 | 200克 |
| --- | --- |
| 净仔鸡 | 1只 |
| 鸡肝 | 150克 |
| 人参 | 15克 |
| 山药 | 10克 |
| 精盐 | 适量 |

## 靓粥功效

本款靓粥具有补气养血、健体益颜等功效，适宜气血虚弱、身体羸瘦、容颜憔悴、面无光泽，或病后体虚、老人气血不足等症。

## 做 法

1 将鸡肝用淡盐水浸泡并洗净，捞出，放入沸水锅内焯烫一下，取出沥水，切成薄片。

2 将净仔鸡切成两半，用清水洗净，放入锅中，加入适量清水煮沸，再用旺火煮至仔鸡刚熟，取出仔鸡，取仔鸡肉撕成细丝，鸡汤留用。

3 将人参洗净，切成小片(参须切成粒)；山药洗净，切成小块；大米淘洗干净。

4 将人参片、人参须、大米一同放入盛有鸡汤的锅中，用中火煮至六分熟。

5 再加入山药块，待米软时放入鸡肝片和鸡肉丝略煮，然后加入精盐调味，即可盛出食用。

---

### 脆芹拌腐竹

芹菜+腐竹=强壮心肺，降低胆固醇

❶芹菜择洗干净，沥去水分，切成小段，放入沸水锅内焯熟，捞出沥水；水发腐竹挤干水分，斜切成3厘米长的小段。

❷将腐竹段、芹菜段放入容器内拌匀，晾凉后加入蒜末，再加入米醋、味精、精盐，淋入香油，拌匀后装盘即可。

靓粥┕小菜

# 鹌鹑肉豆粥

营养丰富，强身又健体

〈肉鲜米嫩，鲜咸味美〉

## 原料

| | |
|---|---|
| 大米 | 250克 |
| 鹌鹑 | 150克 |
| 猪五花肉 | 75克 |
| 赤小豆 | 50克 |
| 葱段、姜末 | 各10克 |
| 精盐 | 1小匙 |
| 味精、胡椒粉 | 各少许 |
| 肉汤、香油 | 各适量 |

## 做法

1 将鹌鹑宰杀，剥去毛，去掉内脏等，用清水漂洗干净，沥净水分；猪五花肉洗净🅐，沥水，切成小块🅑。

2 将收拾好的鹌鹑、猪五花肉块放入大碗中，加入葱段、姜末、精盐调匀，加入少许的清水，入笼用旺火蒸至熟烂，取出，拣去葱段、姜末。

3 将大米、赤小豆分别淘洗干净，一起放入锅中，加入肉汤，置旺火上熬煮1小时至粥熟。

4 再倒入鹌鹑肉和猪肉块调匀，淋入香油，撒上胡椒粉、味精略煮片刻至入味，即可出锅装碗。

养颜美白，促进消化吸收

# 肝腰鱼米粥 <色泽美观，清香鲜浓>

## 原 料

| | |
|---|---|
| 西米粥 | 500克 |
| 猪腰 | 100克 |
| 猪肝 | 75克 |
| 鱼肉 | 50克 |
| 水发珧柱丝 | 25克 |
| 红枣 | 6枚 |
| 香菜末 | 少许 |
| 姜片 | 15克 |
| 橘皮 | 5克 |
| 白醋 | 2小匙 |
| 生抽 | 1小匙 |
| 水淀粉 | 1大匙 |
| 熟猪油 | 适量 |

## 做 法

1 将鱼肉洗净，切成大片，放入热油中冲炸一下，再捞入沸水中去除油腻，取出沥净。

2 将鱼肉片放入碗中，加入红枣、橘皮、姜片，入锅蒸1小时，取出。

3 将猪腰、猪肝分别收拾干净，均切成大片，放在干净容器内，加入白醋拌匀，腌渍10分钟，再换清水洗净，放入沸水中焯至断生，捞出沥水。

4 将西米粥、蒸鱼汁放入净锅中煮沸，再加入珧柱丝、腰片和肝片略煮。

5 用水淀粉勾芡，盛入碗中，加入熟猪油、生抽、鱼肉、红枣、香菜末拌匀即成。

## 原料

| | |
|---|---|
| 大米 | 250克 |
| 仔鸡 | 1/2只 |
| 火腿 | 50克 |
| 皮蛋 | 2个 |
| 葱花、姜汁 | 各10克 |
| 精盐、料酒、 | |
| 淀粉、熟猪油 | 各适量 |

## 靓粥功效

本款靓粥具有补脾益气、养阴补血的功效，适用于老年人身体虚弱、慢性支气管炎、血虚头痛等症。

## 做法

**1** 将仔鸡去掉内脏和杂质，用清水漂洗干净，擦净水分，剁成大小均匀的小块，用精盐、姜汁、料酒、淀粉拌匀，腌渍片刻。

**2** 火腿刷洗干净，上屉旺火蒸10分钟，取出晾凉，切成小片；皮蛋剥去外皮，也切成小片。

**3** 将大米淘洗干净，放入沸水锅中煮沸，改用中火煮至米粥将熟，再加入腌渍好的仔鸡块、火腿片和皮蛋片同煮，待煮至肉烂粥稠时。

**4** 再加入精盐、熟猪油、姜汁、葱花搅拌均匀，即可出锅装碗。

# 三色鸡粥

补脾益气、养阴又补血

〈鸡肉软嫩，粥浓鲜咸〉

补血养血, 护眼明目

# 羊肝米粥 <羊肝软嫩, 鲜咸浓香>

## 原料

| | |
|---|---|
| 大米 | 150克 |
| 羊肝 | 100克 |
| 大葱、姜块 | 各5克 |
| 精盐、胡椒粉 | 各适量 |

## 靓粥功效

　　本款靓粥具有补血养血、护眼明目的功效, 适用于肝血不足所致的头目眩晕, 视力下降, 眼目干涩及各种贫血等。

## 做法

1 将大米淘洗干净, 放入清水中浸泡6小时; 大葱去根和老叶, 切成葱花; 姜块去皮, 切成细末。

2 羊肝去掉白色筋膜, 用清水漂洗干净, 擦净水分, 切成小片, 放入少许葱花、精盐调拌均匀。

3 不锈钢锅上火, 加入适量清水, 先放入大米煮沸, 再改用小火煮至粥成。

4 再加入羊肝片、葱末、姜末、精盐略煮10分钟, 然后撒入胡椒粉调匀, 出锅装碗即成。

补血强身、滋补营养佳

# 烟肉白菜粥

\<肉嫩菜香，清鲜适口\>

## 原料

| | |
|---|---|
| 烟肉 | 200克 |
| 白菜 | 150克 |
| 大米 | 100克 |
| 芹菜 | 50克 |
| 葱花 | 5克 |
| 精盐 | 1/3小匙 |
| 味精 | 1/2小匙 |
| 胡椒粉 | 少许 |
| 料酒 | 1大匙 |
| 高汤 | 250克 |
| 植物油 | 2大匙 |

## 靓粥功效

本款靓粥具有补气养血、滋阴润燥、益气和血功效，适合于病后体虚、气血不足、阴津亏损、咳嗽气喘等症。

## 做法

**1** 将白菜去掉菜根和老叶，洗净，沥干水分，切成长条，放入沸水锅中焯透，捞出过凉；芹菜择洗干净，切成绿豆大小的粒。

**2** 净锅置火上，加入植物油烧至六成热，放入烟肉稍煎片刻。

**3** 再烹入料酒，继续煎至烟肉两面呈金红色、熟透时，出锅晾凉，切成小块。

**4** 将大米淘洗干净，沥去水分，放入清水锅内煮沸，撇去表面浮沫，再转小火煮成米粥，再加入烟肉块、白菜条和芹菜粒搅匀。

**5** 加入高汤、精盐、味精、胡椒粉，继续煮至米粥黏稠时，撇去浮沫，撒上葱花拌匀，出锅装碗即成。

### 腰豆西蓝花

**西蓝花+红腰豆=美白肌肤，提高免疫力**

❶西蓝花择净，掰成小块，同红腰豆一起放入沸水锅内焯烫至熟，捞出用冷水过凉，沥净水分；蒜瓣去皮，剁成蓉，放在碗内。

❷锅中加入植物油烧热，出锅倒入盛有蒜蓉的碗内炝出香味，加入精盐、白糖、辣椒粉、味精和香油拌匀成味汁，加入西蓝花和红腰豆调匀，装盘上桌即可。

靓粥·小菜

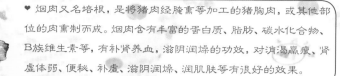

💗 烟肉又名培根，是将猪肉经腌熏等加工的猪胸肉，或其他部位的肉熏制而成。烟肉含有丰富的蛋白质、脂肪、碳水化合物、B族维生素等，有补肾养血，滋阴润燥的功效，对消渴羸瘦、肾虚体弱、便秘、补虚、滋阴润燥、润肌肤等有很好的效果。

益气补血、改善手脚冰凉

# 双酱肉粥 <羊肉软嫩，酱香浓郁>

## 原料

| | |
|---|---|
| 大米 | 500克 |
| 羊肉 | 200克 |
| 杏仁、核桃仁 | 各10粒 |
| 葱末、姜末、精盐、 | |
| 白糖、白酱油 | 各少许 |
| 甜面酱 | 100克 |
| 广东酱 | 150克 |

## 做法

1. 将羊肉洗净血污，放入汤锅中，加入清水，置火上煮沸，再改用微火焖5小时，取出羊肉去骨、冷却，切成大片Ⓐ，装入盘中。

2. 将白酱油、甜面酱、广东酱加入250克开水及适量白糖搅拌均匀，熬成甜酱。

3. 将煮羊肉的原汤去除杂质，加入洗净的大米Ⓑ熬煮至沸，改用小火煮至粥熟。

4. 撒上葱末、姜末，加上杏仁、核桃仁和精盐，淋入白酱油调匀，出锅盛放在大碗内，摆上熟羊肉片，佐熬好的甜酱食用即可。

补益肝肾、养血又美颜

# 四宝鸡粥

*<鸡肉清鲜，咸香味美>*

## 原料

| | |
|---|---|
| 大米 | 200克 |
| 母鸡肉 | 150克 |
| 当归、川芎、白芍、 | |
| 熟地黄 | 各10克 |
| 姜末、葱花、精盐、 | |
| 味精、香油 | 各适量 |

## 靓粥功效

本款靓粥具有补肝肾、益脾胃和养血补血的功效，适用于身体虚弱，消化不良，贫血，精力疲倦等症。

## 做法

1 将当归、川芎、白芍、熟地黄一起放入锅中，加入适量清水，置火上煎煮后取液汁。

2 母鸡肉去掉筋膜，洗净血污，擦净水分，剁成鸡肉蓉，加入少许精盐和香油拌匀。

3 将大米淘洗干净，放入锅中，加入中药液汁、鸡肉蓉和精盐，置小火上煮至大米熟烂。

4 再撒上姜末、葱花调匀，加入味精，淋入香油，即可出锅装碗。

温中补血、祛寒又止痛

# 煲羊腩粥

<羊腩清鲜，咸香味浓>

## 原料

| | |
|---|---|
| 羊腩肉 | 500克 |
| 大米 | 250克 |
| 绿豆、胡萝卜 | 各150克 |
| 葱白、姜块 | 各15克 |
| 精盐、味精 | 各1小匙 |
| 胡椒粉、生抽 | 各少许 |
| 花椒 | 5粒 |
| 水淀粉 | 2小匙 |

## 靓粥功效

本款靓粥具有温中补血、祛寒止痛的功效，主治寒性的疝气、腹痛、两胁疼痛等症。

## 做法

**1** 将绿豆去除杂质，浸泡4小时；大米淘洗干净，用精盐、花椒、胡椒粉拌匀，腌渍1小时。

**2** 将胡萝卜去根，削去外皮，洗净，切成大块；葱白洗净，切成葱花；姜块洗净，切成细丝。

**3** 将羊腩肉洗净，切成小块，与花椒、胡萝卜块一同放入沸水中焯烫一下，再倒入沸水锅中，置火上煮至羊腩肉断生，捞出洗净。

**4** 锅中加入清水，放入羊腩肉、绿豆和葱白粒煮沸，再加入大米，转小火熬煮2小时。

**5** 然后用水淀粉勾芡，加入精盐、味精、生抽、姜丝拌匀，出锅装碗即成。

# 萝卜羊肉粥

补益脾肾、强壮筋骨

〈色泽美观,浓香适口〉

## 原　料

| | |
|---|---|
| 大米 | 500克 |
| 羊后腿肉 | 250克 |
| 胡萝卜 | 150克 |
| 青萝卜 | 100克 |
| 香菜 | 60克 |
| 精盐 | 适量 |

## 靓粥功效

本款靓粥具有健脾补肾、强壮筋骨的功效,适用于体虚畏寒、食欲不振、大便溏薄、腰酸尿多等症。

## 做　法

1　大米淘洗干净,放入清水中浸泡4小时;香菜择洗干净,切成小段;羊后腿肉洗净,切成小块。

2　将胡萝卜去根,削去外皮,洗净,切成小块;青萝卜去皮,洗净,也切成块。

3　坐锅点火,加入适量清水煮沸,先下入羊肉煮沸,撇去浮沫,再用中火煮约10分钟。

4　然后倒入大米,再沸后用中小火熬煮30分钟,放入胡萝卜块、青萝卜块,加入精盐,续熬约15分钟成黏稠状,撒上香菜段,即可出锅装碗。

113

阿生 Asheng
滋补粥

食材宝典

猪瘦肉

♥ 猪瘦肉是我们家庭使用非常广泛的畜肉食材之一，其含有丰富的蛋白质、脂肪、碳水化合物，此外还含有钙、磷、多种维生素等营养物质。中医认为猪瘦肉有滋阴、润燥功效，主治热病伤津、肾虚体弱、产后血虚等症。

滋补肝肾、生精又明目

# 枸杞鸡肉粥

‹粥香肉嫩，鲜香适口›

## 原料

| 大米 | 200克 |
|---|---|
| 鸡胸肉 | 150克 |
| 猪瘦肉 | 100克 |
| 枸杞子 | 30克 |
| 姜块 | 15克 |
| 精盐、味精 | 各1小匙 |
| 料酒 | 1大匙 |
| 香油、植物油 | 各适量 |

### 靓粥功效

本款靓粥具有滋补肝肾、生精明目的功效，主治头晕眼花、视力减退、肾虚腰痛以及神经衰弱等症。

## 做法

**1** 枸杞子洗净；姜块去皮，洗净，切成姜末；大米淘洗干净，再用清水浸泡1小时。

**2** 鸡胸肉去掉筋膜，用刀背剁成鸡肉蓉；猪瘦肉洗净，剁成猪肉蓉。

**3** 将鸡肉蓉、猪肉蓉放在大碗内，加入姜末、少许精盐、料酒拌匀，腌渍片刻。

**4** 净锅置火上，加入植物油烧至六成热，先下入鸡肉蓉、猪肉蓉煸炒出香味。

**5** 再加入料酒、精盐、大米及适量清水煮沸，改用小火煮至大米烂熟。

**6** 加入枸杞子煮5分钟，然后撒上味精，淋入香油调匀，即可出锅装碗。

---

### 海带炝粉丝

海带+粉丝=促进肠胃蠕动、降低血脂

❶将水发海带漂洗干净，切成细丝，放入沸水锅中焯烫一下，捞出沥干；粉丝用温水泡软，切成长段。

❷将海带丝、粉丝放入盆中，加入葱花、姜末、香菜段和蒜泥稍拌，然后加入精盐、味精、白醋、酱油调拌均匀，淋入烧热的香油拌匀，装盘上桌即成。

靓粥‧小菜

# 金银鸭粥

营养丰富、清肺又补血

〈鸭肉软嫩，清香适口〉

## 原料

| | |
|---|---|
| 大米 | 300克 |
| 光鸭 | 1只 |
| 烧鸭 | 半只 |
| 果皮 | 1块 |
| 油条 | 2根 |
| 香菜段 | 10克 |
| 大葱 | 5克 |
| 胡椒粉、豉油 | 各少许 |
| 植物油、香油 | 各适量 |

## 做法

1. 大米用清水淘洗干净；将果皮洗净，放入锅中，加入适量清水，置火上先煮10分钟，捞出果皮不用，加入大米煮成米粥；大葱择洗干净，切成细末A。

2. 将烧鸭去骨、取烧鸭肉，把鸭骨放入粥锅同煮；然后将光鸭洗净，放入热油中煎香，再加入适量清水煮至鸭熟B，取出拆取鸭肉，将鸭骨和鸭汤倒入粥锅中。

3. 将煮熟的光鸭肉撕成小条，用豉油、熟油、香油、胡椒粉拌匀；烧鸭肉也撕成细条。

4. 待粥锅内的粥快煮好时，将鸭骨捞出，下入鸭肉丝续煮至粥成，出锅装碗，再撒上香菜段、葱末和切好的油条段即成。

补血安神、增强抵抗力

# 猪蹄香菇粥 <蹄糯菇香，鲜咸适口>

## 原 料

| | |
|---|---|
| 大米 | 200克 |
| 猪蹄 | 1只 |
| 花生仁 | 50克 |
| 香菇 | 5朵 |
| 香菜 | 25克 |
| 葱花 | 少许 |
| 精盐 | 1小匙 |
| 味精 | 1/2小匙 |
| 香油 | 2小匙 |

## 做 法

**1** 将大米淘洗干净，用清水浸泡1小时；香菇用温水浸泡至发涨，攥干水分，去掉菌蒂，切成丝；香菜去根和老叶，洗净，切成小段。

**2** 猪蹄去掉绒毛，用清水漂洗干净，放入沸水锅中焯煮10分钟，捞出猪蹄，用冷水过凉，沥干水分，剁成大块。

**3** 净锅置火上，先加入适量清水煮沸，放入猪蹄块、花生仁和香菇丝，再沸后下入大米，改用小火熬煮2小时至粥成。

**4** 然后加入精盐、味精、香油、香菜段和葱花调匀，即可出锅装碗。

## 原料

| | |
|---|---|
| 大米 | 200克 |
| 乳鸽 | 1只 |
| 枸杞子 | 25克 |
| 黄芪 | 15克 |
| 精盐 | 1小匙 |
| 味精、香油 | 各少许 |

## 靓粥功效

本款靓粥具有滋肾益气、祛风解毒之功效，对头晕神疲、记忆力衰退等有很好的疗效。

## 做法

**1** 将黄芪放入锅中，加入适量清水，置火上煎煮取汁，如此反复取两次黄芪药汁。

**2** 乳鸽收拾干净，剔去鸽骨，取净乳鸽肉，剁成乳鸽肉蓉，放在碗内，加上少许精盐、味精和香油调拌均匀；枸杞子洗净。

**3** 将大米淘洗干净，与黄芪药汁、乳鸽肉蓉一起放入锅中，加入适量清水，置小火上煮至米烂粥稠。

**4** 加入枸杞子，继续煮10分钟，再调入精盐、味精，淋入香油搅拌均匀，即可出锅装碗。

# 鸽杞芪粥

滋肾益气、祛风又解毒

〈乳鸽鲜香，美味适口〉

补肾助阳、壮力补血

# 狗肉粥 <色泽淡雅，米糯肉香>

## 原料

| | |
|---|---|
| 大米 | 100克 |
| 狗肉 | 250克 |
| 生姜、精盐 | 各少许 |

### 靓粥功效

本款靓粥具有温补脾胃、补肾助阳、壮力气、补血脉的功效，可用于肾阳虚所致的腰膝冷痛、小便清长、小便频数、浮肿等症。

## 做法

1. 将狗肉用淡盐水浸泡并洗净血污，捞出，擦净水分，剁成3厘米长、2厘米宽的大块，放入沸水锅内焯烫5分钟，捞出，换清水洗净。

2. 生姜去皮，洗净，切成粒；大米淘洗干净，放入清水中浸泡5小时。

3. 坐锅点火，加入适量清水，先放入大米、狗肉块、姜粒，用旺火煮沸。

4. 再改用小火煮至粥熟肉香，加入精盐调好口味，出锅装碗即成。

119

温中益气、滋养五脏

# 香葱鸡粒粥

<鸡肉软嫩，鲜咸味美>

## 原料

| | |
|---|---|
| 大米 | 150克 |
| 鸡胸肉 | 100克 |
| 水发冬菇 | 25克 |
| 香葱 | 10克 |
| 精盐、味精 | 各少许 |
| 鸡精、淀粉 | 各1小匙 |
| 胡椒粉、香油 | 各适量 |

## 靓粥功效

　　本款靓粥具有温中益气、滋养五脏、补精添髓的功效，对虚劳过度、腹泻下痢、病后虚弱者有一定的食疗效果。

## 做法

**1** 将大米淘洗干净，放入清水中浸泡30分钟，捞出，沥净水分；水发冬菇去蒂，洗净，切成小丁；香葱择洗干净，切成碎粒。

**2** 将鸡胸肉剔去筋膜，用清水洗净，擦净表面水分，先切成细长条，再改刀切成0.5厘米大小的粒。

**3** 将鸡肉粒放入小碗中，加入少许精盐、味精、淀粉拌匀，腌渍15分钟。

**4** 净锅置火上烧热，加入适量的清水煮沸，放入鸡肉粒焯烫一下，捞出，用冷水过凉，沥干水分。

**5** 锅中加入适量热水，放入大米，用旺火煮沸，转小火煮40分钟至熟。

**6** 再放入鸡肉粒、冬菇丁煮匀，加入精盐、鸡精、胡椒粉、香油搅拌均匀并调好口味，出锅装碗即成。

### 菜薹炝皮蛋

菜薹+皮蛋+西红柿=消食开胃，补充维生素

❶菜薹洗净，切成段，放入沸水锅中焯烫一下，捞出、过凉、沥水；西红柿去蒂，洗净，切成小粒；皮蛋剥去外壳，洗净，切成粒。

❷将西红柿粒、菜薹段、皮蛋粒放入盘中，浇上用蒜末、白糖、白醋、酱油调成的味汁，再淋上烧热的香油拌匀即可。

靓粥 小菜

**食材宝典**

鸡胸肉

♥ 鸡胸肉位于鸡翅膀下部，围胸骨两侧各有一片鸡肉，形状像斗笠。此外在鸡胸肉与胸骨之间有一小片肉，称为鸡牙子或里脊肉。鸡胸肉为鸡全身最嫩部分，其色呈浅粉色，成熟后洁白，是鸡肉中用途最为广泛的部位。

营养均衡、蛋白质利用率高

# 豆腐菜肉粥 <色泽美观，软嫩清香>

## 原料

| | |
|---|---|
| 大米 | 300克 |
| 豆腐、青菜 | 各100克 |
| 猪肉末 | 50克 |
| 虾皮、洋葱 | 各少许 |
| 葱花 | 5克 |
| 精盐、味精 | 各1小匙 |
| 料酒、植物油 | 各适量 |

## 做法

1 将洋葱切去根，剥去外皮Ⓐ，用清水洗净，改刀切成细丝Ⓑ；豆腐用淡盐水浸泡片刻，切成薄片，放入沸水中焯烫一下，捞出沥水。

2 将青菜去根，洗净，切成碎末；大米淘洗干净，放入沸水锅中煮成米粥。

3 炒锅上火，加入植物油烧热，放入洋葱丝、虾皮、猪肉末、料酒、味精、精盐炒匀，盛出。

4 将豆腐片、青菜末放入米粥锅煮沸，再加入肉末、葱花，即可出锅装碗。

通利肠胃、健脾又和中

# 菠菜鸡粒粥 <白绿相映，鲜咸适口>

## 原料

| | |
|---|---|
| 菠菜 | 200克 |
| 大米 | 100克 |
| 鸡胸肉 | 50克 |
| 精盐 | 1小匙 |
| 鸡精 | 1/2小匙 |
| 胡椒粉 | 1/3小匙 |

### 靓粥功效

本款靓粥具有养血止血、通利肠胃、健脾和中之功效，主治头痛、目眩、风火赤眼、便秘、消化不良等症。

## 做法

1 将大米去掉杂质，再淘洗干净；菠菜去根及老叶，洗净、沥干，切成小段。

2 鸡胸肉洗净，去掉筋膜，剁成泥状，放在小碗内，加上少许精盐拌匀。

3 净锅置火上，加入清水煮沸，放入菠菜段焯烫一下，捞出过凉，沥干水分。

4 锅中加入适量清水煮沸，放入大米煮至黏稠，再下入鸡肉泥煮至熟嫩。

5 然后加入菠菜段搅拌均匀，放入精盐、鸡精、胡椒粉调好口味，出锅装碗即可。

补益虚损、消除食积

# 麻油猪肚粥 <猪肚软嫩，鲜咸酒香>

## 原料

| | |
|---|---|
| 大米 | 100克 |
| 猪肚 | 1个 |
| 姜块 | 10克 |
| 精盐 | 1/4小匙 |
| 香油 | 1大匙 |
| 米酒 | 1瓶 |

## 靓粥功效

本款靓粥具有补虚损、健脾胃、消食积的功效，主治脾虚气弱、食欲不振、消化不良、小便频数等症。

## 做法

1 将猪肚洗涤整理干净，放入沸水中焯烫一下，捞出沥干，刮除油脂，切成4厘米见方的小块。

2 大米淘洗干净，放入清水锅内煮沸，改用小火熬煮成米粥；姜块去皮，洗净，切成小片。

3 坐锅点火，加入香油烧热，先用大火爆香姜片，再加入猪肚片炒至半熟。

4 然后放入米酒、精盐调匀，倒入熬煮好的米粥煮沸，改用小火煮至猪肚块熟烂入味，即可盛出食用。

# 笋尖猪肝粥

补肝养血、明目又益肾

〈肝嫩笋香，粥糯清香〉

## 原料

| | |
|---|---|
| 大米粥 | 400克 |
| 猪肝 | 150克 |
| 竹笋片 | 100克 |
| 葱末、姜末 | 各5克 |
| 料酒 | 1/2小匙 |
| 精盐、淀粉 | 各少许 |
| 高汤 | 适量 |
| 味精 | 1/3小匙 |

## 靓粥功效

本款靓粥具有补肝养血、明目益肾的功效，主治血虚萎黄、夜盲目赤、肝肾阴亏、发须早白、血虚头晕等症。

## 做法

1 猪肝洗净，去掉白色筋膜，切成小片，放入碗中，加入料酒、精盐、淀粉拌匀，腌渍5分钟。

2 净锅置火上，加入清水和少许精盐烧沸，下入猪肝片焯烫至透，捞出沥水。

3 净锅置火上烧热，先加入大米粥煮沸，再加入竹笋片、猪肝片调匀。

4 倒入高汤，加入精盐、味精搅拌均匀，撒上葱末、姜末，出锅装碗即可。

## 原料

| | |
|---|---|
| 大米 | 250克 |
| 猪里脊肉 | 100克 |
| 松花蛋 | 1个 |
| 油条 | 1根 |
| 葱末 | 5克 |
| 精盐 | 1/3小匙 |
| 鸡精 | 1小匙 |
| 淀粉 | 1/2小匙 |
| 味精、料酒 | 各少许 |

## 做 法

**1** 大米淘洗干净，放入冷水中浸泡30分钟，捞出沥水；松花蛋剥去外壳，洗净，切成小瓣；油条切成小段。

**2** 猪里脊肉洗净，切成片，放入碗中，加入淀粉、料酒、味精拌匀，腌渍15分钟，入锅快速焯烫一下，捞出沥水。

**3** 大米放入沸水锅内用旺火稍煮，再转小火煮45分钟成粥，放入肉片煮5分钟，然后加入松花蛋瓣搅匀。

**4** 再放入油条段煮匀，加入精盐、鸡精煮约5分钟，撒入葱末，即可出锅装碗。

# 皮蛋瘦肉粥

营养丰富，增强抵抗力

〈软嫩滑腻，清香适口〉

# PART 3

## 美味海鲜粥

补虚健胃、益肺又止咳

# 鲮鱼黄豆粥

<鱼酥豆香，米粥软滑>

## 原料

| | |
|---|---|
| 大米 | 150克 |
| 鲮鱼(罐装) | 100克 |
| 黄豆 | 50克 |
| 豌豆粒 | 适量 |
| 葱末、姜末 | 各少许 |
| 精盐、味精 | 各1/3小匙 |
| 胡椒粉 | 适量 |

### 靓粥功效

本款靓粥具有补虚健胃、益肺止咳、滋阴补劳的功效，主治脾胃虚弱、肺虚咳嗽、虚劳诸疾等症。

## 做法

1 将大米淘洗干净，放入清水中浸泡30分钟，捞出、沥去水分。

2 豌豆粒用清水洗净，放入沸水锅中焯烫一下，捞出，用冷水过凉。

3 鲮鱼罐头打开，取出鲮鱼肉，切成1厘米大小的丁；黄豆用清水淘洗干净，再放入清水中浸泡。

4 锅中加入清水、黄豆熬煮至沸，再焯煮5分钟去除豆腥味，取出沥水。

5 锅中放入大米、黄豆和适量清水，用旺火煮沸，再转小火煮1小时。

6 待粥黏稠时，下入鲮鱼丁、豌豆粒，继续熬煮5分钟至粥熟烂，加入精盐、味精、胡椒粉搅匀，撒上葱末、姜末，装碗即可。

### 萝卜炝冬菇

冬菇+胡萝卜=保养肌肤、减肥润燥

❶水发冬菇切成粗丝；莴笋、胡萝卜分别去皮，洗净，均切成粗丝，全部放入沸水锅内焯约半分钟，捞出沥水。

❷将水发冬菇丝、莴笋丝和胡萝卜丝放入大碗中，加入精盐、味精、白糖拌匀，然后撒上葱丝、姜丝，浇上烧热的花椒油拌匀，装盘上桌即可。

靓粥·小菜

**食材宝典**

鲅鱼

♥ 鲅鱼肉质细嫩、味道鲜美，含丰富的蛋白质、维生素A、钙、镁、硒等营养元素，有益气血、健筋骨、通小便等功效，适宜体质虚弱、气血不足、营养不良之人食用；对膀胱热结、小便不利、肝硬化腹水者也有食疗功效。

营养滋补、强身又补体

# 瘦肉墨鱼香菇粥 <色泽美观，鲜咸味美>

## 原料

| | |
|---|---|
| 大米、瘦猪肉 | 各100克 |
| 干墨鱼 | 80克 |
| 水发香菇 | 50克 |
| 冬笋 | 30克 |
| 精盐、熟猪油 | 各2小匙 |
| 味精 | 1小匙 |
| 胡椒粉 | 1/2小匙 |
| 料酒 | 2大匙 |

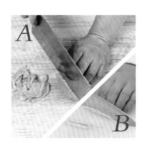

## 做法

**1** 将干墨鱼剥去骨头，放入温水盆内浸泡30分钟，取出墨鱼，再换清水漂洗干净，用剪刀剪成细丝 A；瘦猪肉洗净，切成丝。

**2** 将水发香菇、冬笋放入清水中刷洗干净，取出，沥干水分，切成丝 B；大米淘洗干净。

**3** 净锅置火上烧热，加入适量清水，放入墨鱼丝、猪瘦肉丝、料酒煮至刚熟，再加入大米、香菇丝、冬笋丝、精盐熬煮成粥。

**4** 然后加入味精、胡椒粉、熟猪油稍煮至熟香入味，出锅装碗即可。

强健骨骼和牙齿

# 花生鱼粥 <营养丰富，鲜美浓香>

## 原料

| | |
|---|---|
| 大米 | 200克 |
| 猪大骨 | 1大块 |
| 章鱼 | 50克 |
| 花生仁 | 75克 |
| 小红枣 | 5枚 |
| 咸菜头 | 1只 |
| 姜片、葱花 | 各5克 |
| 精盐、味精 | 各1小匙 |
| 生抽 | 1/2小匙 |
| 胡椒粉 | 少许 |
| 淀粉 | 2小匙 |
| 香油 | 适量 |

## 做法

**1** 大米淘洗干净；章鱼洗净，切成块，倒入热油中略炒，再用热水洗净。

**2** 花生仁用水浸泡3小时；猪大骨敲断，装入布袋；咸菜头用水浸淡，切成末。

**3** 净锅置火上烧热，加入姜片、花生仁及适量的清水煮沸，再放入大米、章鱼块、红枣和猪骨袋调匀，再沸后转小火熬煮2小时。

**4** 取出骨袋，加入淀粉、精盐、味精、生抽、香油、胡椒粉和咸菜末煮至粥稠，撒上葱花即成。

益气强体、清热又解毒

# 黄鱼蓉粥

<鱼肉软嫩，清香适口>

## 原 料

| | |
|---|---|
| 大米 | 300克 |
| 黄鱼 | 1条 |
| 香菜末 | 5克 |
| 葱花 | 10克 |
| 姜丝 | 3克 |
| 精盐 | 1小匙 |
| 酱油 | 1/2小匙 |
| 植物油 | 3大匙 |

## 做 法

1 将大米淘洗干净，用少许精盐拌匀，腌渍片刻，倒入沸水锅中，置火上先煮20分钟。

2 将黄鱼洗涤整理干净，用少许精盐拌匀，腌渍片刻，下入热油中煎至两面焦黄。

3 再加入清水煮至黄鱼熟香，取出黄鱼，取下黄鱼肉，鱼骨放回鱼汤内继续熬煮，熬好后去掉鱼骨，将鱼汤倒入粥锅内同煮。

4 将鱼肉用植物油和酱油拌匀；待粥煮好后，下入鱼肉，再次煮沸，撒上姜丝、香菜末、葱花拌匀即成。

# 蟹柳豆腐粥

补中养胃、益精又强志

〈双色相映，软糯咸香〉

## 原料

| | |
|---|---|
| 白米饭 | 250克 |
| 豆腐 | 1块 |
| 蟹足棒 | 1根 |
| 姜末、精盐 | 各少许 |
| 鸡精 | 1小匙 |
| 高汤 | 1000毫升 |

## 靓粥功效

本款靓粥具有补中养胃、益精强志、聪耳明目等功效，主治脾虚烦闷、消渴不思饮食等。

## 做法

**1** 将蟹足棒(蟹柳)剥去外膜，切成小段；豆腐片去老皮，用淡盐水浸泡片刻，取出。

**2** 将豆腐切成大小均匀的小块，放入沸水锅内焯烫一下，捞出沥水。

**3** 净锅置火上，加入高汤煮沸，先下入姜末略煮片刻，再放入白米饭、豆腐块调匀。

**4** 下入精盐、鸡精煮约20分钟，然后加入蟹柳段续煮5分钟，即可出锅装碗。

**食材宝典**

鲈鱼

♥ 鲈鱼属于近岸浅水鱼类，含有较为丰富的蛋白质、脂肪、钙、磷、铁等，还含有多种维生素，中医认为鲈鱼有益脾胃、补肝肾、健筋骨等功效，对身体虚弱、产后少乳、强化骨骼等有比较好的效果。

清热解毒、消肿又止咳

# 鲜鱼米粥

&lt;鱼肉软嫩，鲜香味美&gt;

## 原料

| | |
|---|---|
| 大米 | 250克 |
| 鲜鲈鱼 | 1条 |
| 大葱、姜块 | 各15克 |
| 精盐 | 1小匙 |
| 味精 | 1/2小匙 |
| 胡椒粉 | 少许 |
| 酱油 | 2小匙 |
| 料酒、香油 | 各适量 |

### 靓粥功效

本款靓粥具有滋补健胃、利水消肿、清热解毒、止咳下气的功效，对各种水肿、腹胀及乳汁不通有较好疗效。

## 做法

1. 将大米淘洗干净，放入清水盆内浸泡透，捞出沥水；大葱洗净，切成碎粒；姜块去皮，洗净，切成细末。

2. 鲜鲈鱼去掉鱼鳞，取鱼中段，片去鱼皮，剔去骨刺，放入淡盐水中洗净、捞出，用洁布擦净表面水分，切成薄片，放入碗中，加入料酒浸泡。

3. 锅置火上，加入适量清水煮沸，再放入淘洗好的大米。用旺火煮沸，撇去浮沫，再转小火熬煮成稀粥。

4. 取大海碗用沸水烫热，擦净水分，放入薄鱼片和酱油，倒入大米粥，用米粥的热度将薄鱼片烫熟。

5. 再撒上葱花、姜末，加入精盐、胡椒粉调好口味，淋上烧热的香油即可。

### 芥蓝胡萝卜

芥蓝+胡萝卜=预防感冒，缓解压力

❶锅中加入清水，加入精盐、植物油烧沸，下入胡萝卜条焯约2分钟，再下入芥蓝段焯烫1分钟至熟透，捞出沥水。

❷将芥蓝段、胡萝卜条趁热放入大瓷碗中，加入精盐、味精、白糖，淋入花椒油、香油拌匀即可。

靓粥小菜

# 鲍鱼鸡粥

消除疲劳、滋补强身佳

〈肉嫩鱼香，粥浓味美〉

## 原料

| | |
|---|---|
| 大米 | 300克 |
| 鲍鱼(罐头) | 1个 |
| 净鸡 | 1/2只 |
| 香菜末 | 10克 |
| 葱花、精盐、味精、 | |
| 白糖、酱油 | 各适量 |

## 做 法

1. 大米淘洗干净Ⓐ；净鸡冲洗干净，斩成小块，放入碗中，加入精盐、白糖、酱油拌匀Ⓑ。

2. 将鲍鱼取出，洗净，放入沸水锅内焯烫一下，捞出过凉，沥净水分，切成大片。

3. 坐锅点火，加入适量清水煮沸，先下入大米煮至粥熟，再倒入鸡块，用小火煮至鸡熟。

4. 然后加入精盐、味精、香菜末、葱花和鲍鱼片拌匀，出锅装碗即成。

滋补脾胃、抗衰也养颜

# 生鱼片粥

<鱼片软嫩、鲜香味美>

## 原料

| | |
|---|---|
| 大米 | 300克 |
| 草鱼肉 | 250克 |
| 大葱、姜块 | 各10克 |
| 精盐、味精 | 各1小匙 |
| 植物油 | 少许 |

## 靓粥功效

本款靓粥具有滋补脾胃、抗衰养颜的作用，对虚劳、风虚、头痛等症有治疗保健效果。

## 做 法

**1** 将大米淘洗干净，放入清水中浸泡6小时；草鱼肉洗净，切成薄片；大葱去根和老叶，洗净，切成葱花；姜块去皮，洗净，切成细末。

**2** 把草鱼薄片分装在几个小碗内，加入姜末、葱花和植物油拌匀。

**3** 坐锅点火，加入适量的清水，先放入大米煮沸，再改用小火熬煮至粥熟。

**4** 然后撒入精盐、味精调好米粥的口味，趁热冲入鱼片碗中拌匀即成。

## 原 料

| | |
|---|---|
| 糯米 | 150克 |
| 鳜鱼肉 | 120克 |
| 猪五花肉 | 80克 |
| 姜丝 | 15克 |
| 蒜丝 | 8克 |
| 精盐 | 1小匙 |
| 胡椒粉 | 1/2小匙 |
| 味精 | 少许 |
| 料酒 | 2小匙 |
| 熟猪油 | 2大匙 |

## 做 法

1 将糯米拣去杂质，放入清水中浸泡8小时，再用清水洗净；鳜鱼肉洗净血污，擦净表面水分，切成丝；猪五花肉用清水洗净，也切成丝。

2 净锅置火上烧热，放入熟猪油烧至六成热，先下入猪肉丝煸炒至断生。

3 再加入料酒、鱼肉丝和适量清水，放入浸泡好的糯米熬煮至粥将熟时

4 加入姜丝、蒜丝调匀，放入精盐、味精煮至入味，加入胡椒粉调匀，即可出锅装碗。

# 鱼肉糯米粥

清热解毒、养颜又补血

〈肉鲜米软，鲜香味美〉

保护皮肤黏膜、预防粉刺

# 芦荟海参粥 <软滑浓香，味美适口>

## 原料

| | |
|---|---|
| 大米 | 150克 |
| 水发海参 | 100克 |
| 芦荟 | 15克 |
| 生姜 | 10克 |
| 大葱 | 6克 |
| 精盐 | 1小匙 |
| 鸡精 | 1/2小匙 |
| 料酒 | 2小匙 |
| 香油 | 5小匙 |

## 做 法

1 将芦荟用清水漂洗干净，擦净水分，削去外膜，取芦荟果肉，切成2厘米见方的小块；水发海参去除肠杂，洗净，切成丁。

2 把生姜洗净，切成小粒；大葱洗净，切成葱花；大米淘洗干净。

3 将大米、芦荟块、海参丁、姜粒、葱花、料酒一同放入锅中，加入适量清水，先用旺火煮沸。

4 再改用小火煮约35分钟，然后加入精盐、鸡精、香油调匀，即可出锅装碗。

补肾强筋、补血又通乳

# 鲜虾菠菜粥

<虾嫩菜香，粥浓入味>

## 原料

| | |
|---|---|
| 大米 | 200克 |
| 鲜虾（青虾） | 150克 |
| 菠菜 | 50克 |
| 大葱 | 25克 |
| 姜块 | 15克 |
| 八角 | 2粒 |
| 精盐 | 适量 |

## 靓粥功效

本款靓粥具有补肾、强筋、通乳、补血的功效，对阳痿早泄、乳汁缺少、神经衰弱等症有很好的食疗效果。

## 做法

1. 大米淘洗干净，用清水浸泡1小时，捞出沥干；大葱去根，洗净，切成段；姜块去皮，拍碎。

2. 菠菜择洗干净，切成小段，用加有少许精盐的沸水略焯，捞出过凉，沥干水分。

3. 鲜虾（青虾）去壳，从背部片开，挑去泥肠，冲洗干净，再放入清水锅中，加入葱段、姜片、八角煮沸，用小火煮至五分熟，捞出沥干。

4. 净锅置火上，加入适量清水，先下入大米，用旺火煮沸，再转小火煮至米粥将熟。

5. 然后放入虾仁、菠菜段续煮至粥熟菜嫩虾香，撇去浮沫，加入精盐调匀，出锅装碗即可。

### 银芽炝腰丝

猪腰+绿豆芽=去烦养肾，强身健体

❶猪腰丝放入沸水锅中焯至断生，捞出沥水；绿豆芽洗净，放入沸水锅中焯熟，捞出漂凉，沥干水分，放入盘中垫底，再放上猪腰丝。

❷碗中加入精盐、味精、白糖、酱油、花椒粉、香油拌匀成味汁，浇在猪腰丝、豆芽上，再淋入烧热的辣椒油和花椒油拌匀即成。

靓粥 小菜

**食材宝典**

♥ 青虾是一种广泛分布于淡水水域的主要经济虾类，主要生长于我国淡水江、河、湖、沼中。青虾是甲壳纲十足目游泳亚目真虾派长臂虾科沼虾属。含有丰富的蛋白质，此外还有脂肪、碳水化合物、钙、磷、铁和人体不可缺少的多种维生素。

对久病体虚者有疗效

# 鲩鱼珧柱粥 <鱼肉清鲜，米粥浓香>

## 原 料

| | |
|---|---|
| 鲩鱼肉 | 500克 |
| 大米 | 250克 |
| 珧柱 | 25克 |
| 香菜末 | 5克 |
| 姜丝、葱花 | 各10克 |
| 精盐、胡椒粉 | 各少许 |
| 酱油 | 2小匙 |
| 熟油 | 4小匙 |

## 做 法

1. 将大米淘洗干净，用少许精盐拌匀，腌渍片刻 **A**；珧柱用温水浸发，放在小碗内，加入少许清水，上屉用旺火蒸10分钟，取出、晾凉，撕成细条。

2. 将鲩鱼肉洗净血污，用洁布擦净表面水分 **B**，切成大薄片，加入酱油、精盐拌匀。

3. 锅中加入适量清水，下入大米和珧柱煮至米粥将熟，再加入熟油、胡椒粉、葱花、姜丝调味。

4. 然后下入鱼片，待粥再次煮沸、鱼片熟透时，撒入香菜末，即可出锅装碗。

A

B

养血固精、壮阳也补肾

# 香菇虾粥

<虾嫩菇香，粥浓味美>

## 原 料

| 大米 | 300克 |
| 鲜虾 | 15只 |
| 香菇、青菜 | 各适量 |
| 生姜 | 1小块 |
| 精盐、料酒 | 各少许 |

## 靓粥功效

本款靓粥具有补肾壮阳、养血固精、化痰解毒、益气滋阳等功效，主治肾虚阳痿、遗精早泄、乳汁不通等症。

## 做 法

1 将大米淘洗干净，捞入沸水锅中先煮30分钟；青菜去根和老叶，洗净，切成小块。

2 香菇用清水洗净，去掉菌蒂，攥干水分，切成小块；生姜去皮，洗净，切成小片。

3 鲜虾剥去外壳，去掉虾肠等，洗净，切成小块，放在小碗内，加入料酒拌匀腌渍片刻，再放入沸水锅中略烫，捞出沥干。

4 待粥煮至将熟时，下入鲜虾肉、香菇块、青菜、生姜、精盐搅拌均匀，煮至粥熟、米烂即可。

滋补肝脏、增进视力

# 鳝鱼浓粥

<鳝鱼软嫩，鲜咸味美>

## 原　料

| | |
|---|---|
| 大米 | 100克 |
| 鳝鱼 | 2条 |
| 葱末 | 10克 |
| 姜末 | 15克 |
| 精盐 | 2小匙 |
| 味精 | 1/2小匙 |
| 料酒 | 1大匙 |
| 胡椒粉 | 少许 |
| 酱油 | 2小匙 |
| 白糖 | 4小匙 |
| 熟猪油 | 适量 |

## 做　法

1　将鳝鱼剁去鱼头，刨开鱼腹后去掉内脏和杂质，洗涤整理干净。

2　将鳝鱼放入沸水锅中，加入少许精盐略焯，捞出沥干，切成鱼丝；大米淘洗干净。

3　坐锅点火，加入熟猪油烧热，先下入鳝鱼丝煸炒至变色，再加入料酒、酱油、味精、白糖、姜末翻炒至入味，出锅装碗。

4　另起锅，放入适量清水，下入淘洗干净的大米熬煮至粥成时，加入炒鳝丝再次煮沸，然后加入精盐、葱末拌匀，撒上胡椒粉即可。

144

# 红枣鱼肉粥

滋补强身、补血又养颜

〈色泽美观，清鲜适口〉

## 原料

| | |
|---|---|
| 鲫鱼 | 1条 |
| 粳米 | 100克 |
| 红枣 | 10枚 |
| 葱白 | 3段 |
| 生姜 | 1小块 |
| 料酒 | 1大匙 |
| 精盐 | 1小匙 |
| 味精 | 1/2小匙 |
| 香油 | 少许 |

## 做法

1 将鲫鱼用水洗净，去掉鱼鳞、鱼鳃、内脏，再换清水漂洗干净，擦净表面水分，切成小块。

2 将生姜去外皮，葱白去老黄叶，分别用清水洗净；生姜切成末；葱白切成小段；粳米淘洗干净；红枣去核。

3 将鲫鱼放入锅中，加入适量清水、料酒、葱白段、生姜末、精盐煮至鱼肉熟烂。

4 用汤筛过滤刚煮好的鱼汤，去刺留肉汁，把鱼汤及鱼肉倒入锅内，放入粳米、红枣、生姜末，加入适量清水。

5 置于旺火上煮沸，改用小火继续煮至米开花时，调入香油和味精，出锅装碗即可。

145

**食材宝典**

草鱼

♥ 草鱼为硬骨鱼纲鲤形目鲤科草鱼属，为我国主要淡水养殖鱼类之一，与鲢鱼、鳙鱼和青鱼合称为"四大家鱼"。草鱼自然分布于我国黑龙江至广东的各大水系，在长江上游的金沙江、嘉陵江和岷江也有分布。

补益气血、滋阴养颜效果好

# 鱼蓉肝粥 <色泽美观，鲜咸味浓>

## 原料

| | |
|---|---|
| 大米 | 300克 |
| 草鱼肉、猪肝 | 各250克 |
| 鲤鱼肉 | 100克 |
| 珧柱、腐竹 | 各50克 |
| 红枣 | 8枚 |
| 葱丝、姜丝 | 各15克 |
| 葱段、姜片 | 各25克 |
| 精盐、酱油、淀粉、 | |
| 姜汁、香油 | 各适量 |

### 靓粥功效

本款靓粥具有补虚劳、益脾胃、补气血、滋阴养颜的功效，对形体消瘦，脾胃虚弱，高血脂症，脂肪肝等症有食疗效果。

## 做法

1 将草鱼肉去皮，洗净，切成薄片；猪肝洗净，切成薄片，用清水浸泡2小时，再换清水洗净，沥干后加入姜汁、淀粉抓匀，腌制20分钟。

2 将珧柱用温水浸泡至软，取出后撕成细条；鲤鱼肉洗净，用净锅烘香，与姜片、葱段、红枣一起装入布袋内，扎紧袋口成料包。

3 腐竹放容器内，加入适量温水浸泡20分钟，再用清水稍洗，沥净水分，切成小段。

4 将大米淘洗干净，倒入沸水锅中，加入珧柱条、腐竹段和料包，用小火煮约2小时至粥将熟，再撒入精盐，下入猪肝片烫至熟成滚粥。

5 碗中放入草鱼片、香油、酱油，倒入滚粥，再放上姜丝、葱丝，拌匀即可。

### 炝拌双花

西蓝花+菜花=防癌、抗癌效果佳

❶将菜花、西蓝花分别冲洗干净，切成小块，放入沸水锅内，加入少许精盐焯烫至熟，捞出冲凉，沥去水分。

❷菜花、西蓝花块放入大碗中，加入精盐、鸡精和蒜泥拌匀，再淋上烧热的葱油调拌至均匀入味，装盘上桌即成。

靓粥·小菜

# 豆豉鱼汁粥

养胃和脾、明目又聪耳

〈鱼肉鲜嫩，米粥豉香〉

## 原　料

| 糯米 | 200克 |
| 鲤鱼 | 1条 |
| 葱白 | 15克 |
| 豆豉 | 25克 |

## 做　法

1　将鲤鱼宰杀Ⓐ，去掉鱼鳞、鱼鳃、内脏和杂质Ⓑ，用清水漂洗干净，沥净水分。

2　将鲤鱼放入清水锅中煮沸，改用小火煮至汤汁剩下一半，取出鲤鱼、去骨，留汁。

3　将糯米淘洗干净，放入鱼汁锅中，加入葱白、豆豉煮至粥熟，即可出锅装碗。

### 靓粥功效

　　本款靓粥具有温中益气、养胃和脾、和五脏、通血脉、聪耳明目、止渴止泻的功效，可以预防心血管疾病、贫血症、便秘等病症。

养精生血、强壮体魄

# 红枣海参淡菜粥 <软嫩适口，鲜咸味美>

## 原料

| | |
|---|---|
| 大米 | 100克 |
| 水发海参 | 75克 |
| 淡菜 | 50克 |
| 红枣 | 10枚 |
| 姜块、精盐 | 各少许 |

## 靓粥功效

本款靓粥具有补益五脏、养精生血、强壮体魄的功效，主治眩晕健忘、自汗、盗汗、潮热、烦躁、神经衰弱等症。

## 做法

1 将红枣洗净，去核，切成小片；水发海参去掉内脏和杂质，用清水洗净，切成颗粒状。

2 大米淘洗干净；姜块洗净，切成细丝；淡菜洗净，放入蒸锅内蒸10分钟，取出，切成小块。

3 不锈钢锅置火上，加入适量清水，先放入大米、红枣、海参、淡菜旺火煮沸。

4 再转小火煮约45分钟，加上精盐调好口味，撒上姜丝拌匀，出锅装碗即成。

## 原料

| 大米 | 100克 |
|------|-------|
| 海参 | 50克 |
| 大蒜瓣 | 30克 |
| 精盐 | 少许 |

### 靓粥功效

本款靓粥具有补肾
益精、滋阴补血的功效，
适用于肾虚阴亏所致的
体质虚弱、腰膝酸软、失
眠盗汗等。

## 做 法

**1** 将大蒜瓣去根，剥去外皮，再一切两半；大米去掉杂质，用清水浸泡1小时。

**2** 海参用温水浸泡至涨发，捞出海参，去除肠杂，再换清水洗净，顺切成长片。

**3** 不锈钢锅置火上烧热，加入适量的清水，先放入大米，用旺火煮沸。

**4** 再加入海参片、大蒜瓣，改用小火煮约45分钟至粥熟香，加入精盐调好口味，即可装碗上桌。

大蒜海参粥

补肾益精、滋阴又补血

〈海参软嫩，米粥浓香〉

滋补脾胃、养颜又美容

# 粟米鱼粥 <色泽美观，鲜咸味美>

## 原料

| | |
|---|---|
| 玉米（粟米） | 150克 |
| 活鲫鱼 | 1条 |
| 大葱 | 25克 |
| 姜末 | 5克 |
| 精盐、料酒 | 各1小匙 |
| 味精 | 1/2小匙 |
| 香醋、香油 | 各1大匙 |

## 靓粥功效

本款靓粥具有滋补脾胃、养颜美容、清心明目的功效，对神经衰弱、心烦意乱等有比较好的食疗功效。

## 做法

1 将玉米剥取玉米粒，用清水浸泡并干净；大葱去根和老叶，洗净，切成葱花。

2 鲫鱼宰杀，去掉鱼鳞、鱼鳃，剖开鱼腹后去掉内脏和黑膜，再洗涤整理干净。

3 不锈钢锅上火，加入适量清水，先放入鲫鱼、料酒、少许葱花、姜末调匀。

4 再加入精盐，烹入香醋后熬煮至沸，转小火将鱼肉煮烂，然后用汤筛过滤，去渣留汁，再放入玉米粒煮至粥成，最后撒入味精，淋入香油，撒上葱花即可。

补劳伤、壮阴气、滋补肝肾

# 甲鱼浓粥 <甲鱼清香，米粥味美>

## 原料

| | |
|---|---|
| 大米 | 150克 |
| 甲鱼 | 1只 |
| 葱花、姜丝 | 各15克 |
| 精盐 | 2小匙 |
| 味精 | 1小匙 |
| 料酒 | 1大匙 |
| 植物油 | 适量 |

## 做法

**1** 将甲鱼斩去头Ⓐ，用开水稍烫，刮净软边上的黑皮和肚下的黄皮，揭盖取出内脏，洗净。

**2** 将甲鱼剁去爪尖，剁成小块，下入沸水中焯烫至透，然后用温水逐块洗净；大米淘洗干净。

**3** 锅中加入植物油烧至六成热，先下入葱花、姜丝煸香，再放入甲鱼块略炒至变色。

**4** 然后加入清水、料酒、精盐，用小火煮至八分熟，捞出甲鱼，拆去骨头，甲鱼汤倒入盆中。

**5** 另起锅，放入清水、大米Ⓑ煮沸，加入甲鱼汤，熬煮至粥成，再下入甲鱼块，加入味精、精盐，再次煮沸即可。

# PART 4

## 怡人杂粮粥

增加皮肤自然健康光泽

# 玉米瘦肉粥

*<色泽淡雅，软滑清香>*

## 原料

| | |
|---|---|
| 玉米粒 | 150克 |
| 猪瘦肉 | 100克 |
| 鸡蛋 | 1个 |
| 精盐 | 1小匙 |
| 鸡精、淀粉 | 各1小匙 |
| 味精、料酒 | 各少许 |

## 靓粥功效

本款靓粥具有滋润皮肤、帮助体内排毒、增加皮肤自然健康的光泽，并能排除体内多余的水分及预防便秘的食疗功效。

## 做法

1 猪瘦肉去筋膜，洗净，切成大片，放入碗中，加入淀粉、料酒、味精拌匀，腌渍15分钟。

2 净锅置火上，加入清水煮沸，放入猪肉片焯烫至变色，捞出沥水；鸡蛋磕入碗中搅散，加入少许精盐调匀成鸡蛋液。

3 玉米粒用清水洗净，放入粉碎机内搅打成碎粒，取出玉米粒，淘洗干净，放入清水中浸泡，滗去水分。

4 净锅复置旺火上，加入适量清水和玉米粒煮沸，撇去表面浮沫，再改用小火，盖2/3锅盖煮约30分钟至熟，放入猪肉片。

5 继续煮约5分钟至玉米粥浓稠，慢慢淋入鸡蛋液推散至凝固，加入精盐、鸡精调味并煮匀，出锅倒入大海碗内，上桌即可。

### 菠萝土豆丁

**菠萝+土豆=增进食欲、健脾益肾**

❶菠萝去皮，切成小丁，放入淡盐水中浸泡10分钟，捞出冲净，沥水；黄瓜洗净，切成小丁，放入菠萝盘中。

❷土豆去皮，洗净，放入沸水锅中，用中小火煮至熟透，捞出晾凉，切成与菠萝丁相仿的小丁，也放在菠萝盘中，撒上精盐、白糖拌匀，即可上桌食用。

靓粥小菜

**食材宝典**

**玉米**

♥ 玉米为禾本科玉米属一年生草本，其种类有很多，其中根据玉米子粒形状、胚乳淀粉的性质结构以及稃壳大小可分为马齿型、硬粒型、糯质型、甜质型、爆粒型等。按颜色可分为黄玉米、白玉米、紫玉米和杂色玉米等。

补血养气、安神消滞

# 莲子百宝糖粥 <质软香甜，清香诱人>

## 原料

| | |
|---|---|
| 百宝粥料 | 150克 |
| 莲子 | 50克 |
| 白糖 | 适量 |

## 做法

1 将莲子用温水浸泡至软，去掉莲子芯 **A**；百宝粥料淘洗干净，放入清水中浸泡2小时。

2 将百宝粥料放入净锅中 **B**，加入适量清水，先用旺火烧煮至沸，撇去浮沫。

3 再放入莲子，改用小火煲约1小时至米烂成粥，然后加入白糖煮至溶化，即可出锅装碗。

## 靓粥功效

　　本款靓粥具有健脾养胃、补血养气、安神消滞、益气安神的功效，适用于失眠以及体虚乏力虚肿、泄泻、口渴、咳嗽少痰等症。

预防中暑、清热又解毒

# 金银黑米粥 ＜粥嫩花香，甜润适口＞

## 原料

| | |
|---|---|
| 黑米 | 100克 |
| 金银花 | 20克 |
| 姜块 | 10克 |
| 白砂糖 | 适量 |

## 靓粥功效

本款靓粥具有防治中暑、清热解毒的功效，适用于各种热毒疮疡、咽喉肿痛、风热感冒、疖肿等症。

## 做 法

1 将黑米淘洗干净，放入清水浸泡4小时；姜块去皮，洗净，切成细丝。

2 金银花用温水浸泡至发涨，放在大碗内，加入少许温水，上屉蒸10分钟，取出。

3 净锅置火上烧热，加入适量清水，放入黑米、金银花煮沸，撇去浮沫。

4 改用小火煮约40分钟至米烂粥熟，然后加入姜丝、白砂糖煮至溶化，即可出锅装碗。

补肾益精、养阴又润肺

# 雪蛤枸杞黑米粥 ＜甜润鲜香，清淡可口＞

## 原 料

| | |
|---|---|
| 黑米 | 100克 |
| 雪蛤 | 30克 |
| 枸杞子 | 10克 |
| 老姜 | 1小块 |
| 冰糖 | 适量 |

## 靓粥功效

本款靓粥具有补肾益精、养阴润肺、健脑益智、平肝养胃的功效，主治阴虚体弱、神疲乏力、心悸失眠、盗汗不止等症。

## 做 法

1 将黑米淘洗干净，放入清水中浸泡5小时；枸杞子洗净，用清水浸泡1小时。

2 将雪蛤放在小碗内，加入适量温水拌匀，浸泡2小时；老姜去皮，洗净，切成小片。

3 将黑米、枸杞子一同放入锅中，加入适量清水煮沸，再改用小火煮30分钟。

4 然后放入雪蛤、姜片，继续熬煮约30分钟，再加入冰糖煮至溶化，即可出锅装碗。

# 蒲菜玉米粥

清热利血、止渴补中气

〈色泽美观，清香味美〉

## 原　料

| | |
|---|---|
| 嫩玉米 | 200克 |
| 蒲菜 | 150克 |
| 精盐 | 少许 |

### 靓粥功效

本款靓粥具有清热利血、止消渴、补中气的效果，主治五脏心下邪气、口中烂臭、小便短少赤黄、乳痈、便秘、胃脘灼痛等症。

## 做　法

**1** 将蒲菜去除老皮，用清水洗净，下入沸水中焯烫至透，捞出，冲凉，切成细末。

**2** 嫩玉米剥去外膜，掰取玉米嫩粒，用清水洗净，再放入清水中浸泡20分钟。

**3** 坐锅点火，加入适量清水，放入玉米粒，用旺火煮沸，再放入蒲菜碎末调匀。

**4** 改用小火续煮至粥成，然后加入精盐调好口味，即可出锅装碗。

食材宝典

莲子

♥莲子又称藕实、莲米、莲蓬子、莲实等，其富含蛋白质、脂肪、碳水化合物、磷、铁和钙等人体所需的多种营养成分，尤其是磷、钾的含量比一般动植物都高，为一种健身抗老、延年益寿的滋补佳品，因此又有"莲参"之别称。

滋阴补肾、养肝又明目

# 桂花黑米粥 ‹软糯甜香，味美适口›

## 原料

| | |
|---|---|
| 黑米 | 100克 |
| 红豆 | 50克 |
| 莲子、花生 | 各30克 |
| 冰糖 | 适量 |
| 糖桂花 | 4小匙 |

## 靓粥功效

本款靓粥具有滋阴补肾、补益脾胃、养气活血、养肝明目的功效，主治头昏、目眩、贫血、白发、眼疾、腰膝酸软等症。

## 做法

**1** 将黑米淘洗干净，放入清水中浸泡6小时；锅中加入冰糖和少许清水熬至溶化，过滤成冰糖汁。

**2** 将红豆去除杂质，洗净，放入清水中浸泡2小时，捞出，沥水。

**3** 将莲子洗净，放入沸水锅中煮约10分钟，捞出过凉，去膜、去莲子心。

**4** 将花生放入温水中浸泡约20分钟，剥去外膜，用清水洗净。

**5** 净锅置火上，加入适量清水，放入黑米、红豆，用旺火熬煮至沸。

**6** 转小火煮约30分钟，放入莲子续煮约30分钟至粥将熟，撇去浮沫，放入花生续煮20分钟至熟。

**7** 加入糖桂花，充分搅拌均匀，倒入冰糖汁略煮，盛入碗中即可。

### 墨鱼拌青椒

**青椒+墨鱼=通经活血、养血又滋补**

❶鲜墨鱼撕去外皮，去掉内脏，洗净，放入锅中，加入清水、葱段煮至断生，捞出晾凉，沥水；青椒去蒂、去籽，洗净，切成小块。

❷将墨鱼切成大块，放入碗中，加入海味酱油、味精、美极鲜酱油、白醋、辣根、葱油翻拌均匀，再撒上青椒块、香菜段拌匀即成。

靓粥 小菜

# 三米甜粥

利水消肿、养颜又美容

〈玉米软嫩，米粥甜香〉

## 原料

| | |
|---|---|
| 玉米 | 200克 |
| 黑米 | 150克 |
| 薏米 | 100克 |
| 冰糖 | 适量 |

## 做法

**1** 玉米去外皮, 取玉米粒, 洗净; 黑米、薏米用清水洗净, 放入清水中浸泡3小时。

**2** 将黑米、薏米、玉米粒一同放入净锅中, 加入适量清水, 用旺火熬煮至沸。

**3** 再改用小火煮40分钟, 然后加入冰糖续煮约10分钟至冰糖溶化, 即可出锅装碗。

### 靓粥功效

　　本款靓粥具有健脾渗湿、利水消肿、养颜美容的功效, 适用于脾虚腹泻、老年性水肿、小便不利、风湿痹痛、筋脉拘挛等症。

健脾养胃、消滞又减肥

# 香甜八宝粥 <色泽鲜艳，质软香甜>

## 原料

| | |
|---|---|
| 大米 | 75克 |
| 黑米 | 50克 |
| 腰豆、花生 | 各40克 |
| 绿豆、赤小豆 | 各30克 |
| 莲子、红枣 | 各25克 |
| 冰糖 | 适量 |

### 靓粥功效

本款靓粥具有健脾养胃、消滞减肥、益气安神的功效，可作肥胖及神经衰弱者食疗之用。

## 做法

1 将大米、黑米、腰豆、花生、绿豆、赤小豆分别洗涤整理干净，放入清水中浸泡6小时至软。

2 莲子去掉外膜和莲子心，用清水浸泡；红枣洗净，擦净水分，去掉枣核。

3 净锅置火上，加入适量清水，放入大米、黑米、腰豆、花生、绿豆、赤小豆、莲子、大枣，用旺火煮沸。

4 再改用小火续煮30分钟，然后加入冰糖煮至冰糖溶化，即可出锅装碗。

## 原料

| 黑糯米 | 200克 |
| --- | --- |
| 莲藕 | 100克 |
| 姜块 | 15克 |
| 白砂糖 | 适量 |

## 靓粥功效

本款靓粥具有益气养阴、健脾开胃的功效，主治老年体虚、食欲不振、大便溏薄、热病口渴等症。

## 做法

1 莲藕去掉藕节，削去外皮，用淡盐水浸泡并洗净，沥净水分，切成薄片。

2 锅中加入适量清水，放入泡好的黑糯米煮沸，再改用小火煮约40分钟。

3 然后加入姜丝、莲藕片续煮约20分钟至粥熟，再加入白砂糖煮至溶化，即可出锅装碗。

# 莲藕黑米粥

益气养阴、健脾又开胃

〈黑白双色，甜润清香〉

和胃安眠、活血又补气

# 小米红枣粥 <小米黄亮，甜香味美>

## 原 料

| | |
|---|---|
| 小米 | 400克 |
| 红枣 | 6粒 |
| 冰糖 | 适量 |
| 蜂蜜 | 少许 |
| 糖桂花 | 1小匙 |

## 靓粥功效

本款靓粥具有清热解渴、和胃安眠、活血补气功效，主治胃虚失眠、妇女黄白带、胃热、糖尿病、产后口渴等症。

## 做 法

1 将小米淘洗干净，用清水浸泡6小时；红枣清洗干净，去除枣核。

2 净锅置火上烧热，加入适量清水，放入小米、红枣煮沸，再改用小火慢煮30分钟至粥熟。

3 然后加入冰糖煮至完全溶化，最后放入蜂蜜、糖桂花拌匀，出锅装碗即成。

### 烹饪宝典

♥ 小米为禾本科狗尾草属一年生草本的种仁。家庭在制作小米粥时需要注意，小米不要淘洗次数太多或用力搓洗，会使小米外层的营养素流失，家庭中可用清水轻轻淘洗1～2次即可。

强健脾胃、补气也养血

# 八珍仙粥 <色美黏甜，味香适口>

## 原料

黑米　　　　　250克
红枣、籼米　　各50克
香米、银耳　　各25克
白果、核桃仁　各15克
百合、桂圆肉　各适量
冰糖　　　　　100克

## 靓粥功效

　　本款靓粥具有强健脾胃、补气益肾、养血安神等，适用于失眠以及体虚乏力虚肿、泄泻、口渴、咳嗽少痰等症。

## 做法

1 黑米、籼米、香米淘洗干净，分别放入清水中浸泡；红枣用清水浸泡至软，去除果核，洗净，沥净水分。

2 将白果剥去外壳，用清水浸泡30分钟，去除外膜，再去掉白果胚芽。

3 核桃仁用清水泡软，剥去外膜；百合去掉根，掰成小瓣，洗净，沥干水分；银耳用清水浸泡至软，去蒂，洗净，沥干水分，撕成小块。

4 净锅置火上烧热，加入适量清水，放入黑米、香米，用旺火熬煮至沸。

5 转小火煮至米粒柔软，放入籼米续煮至米熟，放入碗中，上屉用旺火蒸5分钟，取出晾凉。

6 放入桂圆肉、百合瓣、白果、桃仁、红枣煮至粥汁黏稠，再放入冰糖熬煮至溶化，盛入大碗内，撒入银耳块即成。

---

### 干贝西蓝花

西蓝花+干贝=消炎、抗菌、有助消化

❶干贝放入清水中浸泡并洗净，放入盆中，加入姜片、葱段、料酒，入笼蒸2小时至干贝涨发，取出晾凉，撕成细丝。

❷西蓝花掰成小朵，洗净后放入沸水锅中焯烫至熟嫩，捞出过凉、沥水，放入盆中，加入精盐、味精拌匀，再加入香油，撒上干贝丝翻拌均匀，装盘上桌即成。

靓粥·小菜

**食材宝典**

**银耳**

♥ 银耳为担子菌纲银耳目银耳科银耳属的一种腐生真菌，生长于温带和亚热带地区。银耳原来为一种野生食用菌类，在1894年左右四川已开始人工栽培，后陆续传到其他各省，现我国四川、福建、贵州、云南、浙江、江苏、陕西等省均产。

润肠通便、美容又美发

# 香芋黑米粥 <色泽美观，软糯香甜>

## 原料

| | |
|---|---|
| 黑米 | 300克 |
| 芋头 | 200克 |
| 大米 | 150克 |
| 花生 | 50克 |
| 红糖 | 3大匙 |
| 冰糖 | 100克 |

## 做法

**1** 将黑米、大米混拌均匀，放入清水中浸泡2～3小时，再淘洗干净。

**2** 将芋头去根，削去外皮，用清水浸泡并洗净，沥干水分，切成大薄片。

**3** 坐锅点火，加入适量清水煮沸，先放入黑米和大米煮约40分钟。

**4** 再下入芋头片、花生、红糖、冰糖续煮20分钟至粥熟，即可装碗上桌。

清咽开音、养胃又生津

# 荔枝西瓜粥 <糯米软糯，甜润浓香>

## 原料

| | |
|---|---|
| 糯米 | 300克 |
| 西瓜、荔枝 | 各100克 |
| 大米 | 50克 |
| 冰糖 | 100克 |
| 白糖 | 3大匙 |

## 靓粥功效

　　本款靓粥具有滋阴润燥、清咽开音、养胃生津功效，主治阴虚内燥、肺虚久咳、咽痛失音、热病烦躁、胃燥口干等。

## 做法

**1** 将糯米和大米分别淘洗干净，放入小盆中，加入清水浸泡2～3小时。

**2** 将西瓜削去外皮，去掉西瓜籽，切成小粒；荔枝剥去外皮、去掉果核，取荔枝果肉。

**3** 净锅置火上，加入清水烧煮至沸，先放入糯米和大米煮至八分熟。

**4** 再下入西瓜粒、荔枝肉、冰糖、白糖，用小火煮至米粒熟烂开花，即可装碗食用。

开胃益中、缓筋活血效果佳

# 富贵双米粥 <色泽美观，甜香味浓>

## 原料

| | |
|---|---|
| 黑米 | 100克 |
| 糯米、桂圆肉 | 各25克 |
| 莲子、红枣 | 各10克 |
| 枸杞子 | 3克 |
| 白糖 | 50克 |
| 糖桂花 | 少许 |

## 靓粥功效

本款靓粥具有开胃益中、滑涩补筋、滋补肝肺、缓筋活血功效，主治脾胃虚弱、体虚乏力、贫血失血、心悸气短等。

## 做 法

1 将黑米、糯米分别用清水淘洗干净，沥干水分；红枣、枸杞子分别洗净，沥干。

2 桂圆肉用热水泡一下，除去泥沙，洗净，沥干水分；莲子用温水浸泡至发涨，去掉莲子心。

3 净锅置火上烧热，加入适量清水，再放入黑米、糯米、莲子、红枣、枸杞子煮沸，转用小火焖煮至糯米和莲子开花、粥稠浓。

4 然后放入桂圆肉、白糖和糖桂花，待再次煮沸后，出锅装碗即可。

# 奶香黑米粥

滋阴补肾、益气又强身

〈黑米软糯，奶香味浓〉

## 原 料

| | |
|---|---|
| 黑米 | 200克 |
| 牛奶 | 100克 |
| 白糖、蜂蜜 | 各适量 |

## 靓粥功效

本款靓粥具有滋阴补肾、益气强身、明目活血的食疗功效，对身体虚弱、贫血等症有很好的疗效。

## 做 法

**1** 将黑米淘洗干净，放入清水中浸泡12小时，放入清水锅中，加入白糖熬煮至沸，再改用小火续煮约30分钟。

**2** 待煮至米烂成粥，然后加入牛奶、蜂蜜，充分搅拌均匀，出锅装碗即成。

### 烹饪宝典

♥ 黑米的外部有一层较坚韧的种皮，因此黑米不容易煮烂，而没有煮烂的黑米不易被胃消化吸收，会引起急性肠胃炎。因此在用黑米煮粥时，夏季需要将黑米用清水浸泡一昼夜，冬季浸泡两昼夜，淘洗次数要少，泡米的水要与黑米同煮，以保存营养成分。

**食材宝典**

薏米

♥ 薏米为苡仁禾本科薏苡属一年生或多年生草本植物的种仁，为一年或多年生草本。薏米原产于我国，是非常古老的农作物之一。由于薏米的营养价值很高，被誉为"世界禾本科植物之王"和"生命健康之禾"。

健脾利水、利湿又除痹

# 薏米南瓜粥 <黄白双色，甜润清香>

## 原料

| | |
|---|---|
| 薏米 | 100克 |
| 南瓜 | 300克 |
| 老姜 | 1小块 |
| 冰糖 | 适量 |
| 蜂蜜 | 2小匙 |
| 糖桂花 | 1小匙 |

## 靓粥功效

本款靓粥具有健脾利水、利湿除痹、清热排脓、清利湿热的功效，主治筋脉拘挛、屈伸不利、水肿、脚气、肠痈、淋浊、白带等症。

## 做法

1 将薏米淘洗干净，再放入清水中浸泡2小时；老姜洗净，沥水，拍碎。

2 南瓜用清水洗净，擦净水分，去根，削去外皮，切开后去掉南瓜瓤，再切成大片。

3 净锅置火上，加入半杯清水，放入冰糖、蜂蜜、糖桂花调匀，用旺火煮沸后改用小火熬煮10分钟，离火，晾凉，过滤去掉杂质成蜜糖汁。

4 净锅复置火上，加入适量清水和老姜块烧煮至沸，下入薏米煮约1小时，取出老姜块不用。

5 撇去薏米粥表面浮沫，再放入南瓜片，继续用小火续煮约15分钟，待南瓜片软烂后加入熬煮好的蜜糖汁调匀，出锅装碗即成。

### 螺肉拌瓜片

海螺+黄瓜=口味清香、养颜美容有效果

❶海螺去壳，洗净，片成薄片；黄瓜洗净，切成象眼片；锅中加入清水烧沸，放入海螺片焯烫至透，捞出，用冷水过凉，沥干水分。

❷将黄瓜片垫入盘底，放上海螺片，再加入酱油、白醋、香油、味精、姜末拌匀，撒上香菜段，即可上桌食用。

靓粥⌐小菜

# 黑糯米红绿粥

清热解毒、消肿又润喉

〈米糯豆香，口味清甜〉

## 原料

| | |
|---|---|
| 黑糯米 | 150克 |
| 绿豆 | 100克 |
| 红豆 | 75克 |
| 姜片 | 15克 |
| 冰糖 | 适量 |

## 做法

1. 将黑糯米、绿豆、红豆分别淘洗干净，再放入清水盆内浸泡6小时Ⓐ，捞出。

2. 净锅置火上，加入适量清水，放入黑糯米、红豆、绿豆、姜片煮沸Ⓑ，再改用小火煮约60分钟。

3. 捞出姜片不用，继续熬煮至米烂成粥，加入冰糖烧煮至溶化，出锅装碗即成。

### 靓粥功效

本款靓粥具有清热解毒、利水消肿、润喉止渴的功效，适用于食欲不佳的病患者或老年人食用。

养血健脾、润肺又止咳

# 燕麦小米粥 <色泽淡雅，甜润清香>

## 原料

| | |
|---|---|
| 燕麦 | 200克 |
| 小米 | 100克 |
| 冰糖 | 适量 |

## 靓粥功效

本款靓粥具有养血健脾、润肺止咳的功效，对慢性气管炎、失眠、贫血、疲劳综合征有辅助食疗功效。

## 做法

**1** 燕麦、小米分别用清水淘洗干净，再放入清水盆中浸泡5小时。

**2** 净锅置火上，加入适量清水烧热，放入燕麦、小米用大火煮沸。

**3** 再改用小火煮约30分钟至粥熟，然后加入冰糖烧煮至溶化，即可出锅装碗。

### 烹饪宝典

♥ 家庭如果直接使用燕麦粒制作燕麦粥，需要先将燕麦粒放在温水盆内浸泡2小时，再将燕麦粒和浸泡燕麦粒的温水一起放入锅内煮制成燕麦粥，此法不仅可以使燕麦粒加速成熟，而且口感也较好。

## 原料

| 黑米 | 300克 |
| 小米 | 200克 |
| 姜块 | 25克 |
| 冰糖 | 适量 |

### 靓粥功效

本款靓粥具有滋养肾气、健康脾胃、清虚热的功效，主治胃虚失眠、妇女黄白带、胃热、反胃作呕症。

## 做法

1 将黑米、小米分别淘洗干净，再放入清水盆中浸泡4小时，捞出。

2 将姜块洗净，放入容器内，加上少许清水捣烂成汁，滤去杂质，取净姜汁。

3 不锈钢锅置火上加热，加入适量清水，放入黑米、小米，用大火煮沸。

4 再改用小火煮40分钟至成粥，然后加入姜汁、冰糖煮至完全溶化，出锅装碗即成。

滋养肾气、健康脾胃

# 黑米小米粥

〈黑红双色，米烂浓香〉

妇女产后补养保健佳品

# 小米鸡蛋粥 <色泽黄亮，甜润浓香>

## 原 料

| | |
|---|---|
| 小米 | 150克 |
| 鸡蛋 | 2个 |
| 红糖 | 100克 |

## 靓粥功效

本款靓粥具有补脾胃、益气血、活血脉功效，适用于产后虚弱、口干口渴、产后虚泻以及产后血痢等，是妇女产后补养保健佳品。

## 做 法

**1** 将鸡蛋磕入大碗中，搅打均匀成鸡蛋液；小米淘洗干净，用清水浸泡。

**2** 坐锅点火，加入适量清水，先下入小米旺火煮沸，再撇去浮沫，转小火熬煮至米粥将成。

**3** 然后倒入鸡蛋液略煮片刻，再撒上红糖调匀，即可出锅装碗。

### 烹饪宝典

♥ 小米粒小，色淡黄或深黄，质地较硬，制成品有甜香味。我国北方许多妇女在生育后，都有用小米加红糖来调养身体的传统。小米熬粥营养丰富，有"代参汤"之美称。

益肾补脾、强体又固精

# 糯米蛋粥

<米烂蛋香，甜润适口>

## 原　料

| | |
|---|---|
| 糯米 | 200克 |
| 鸡蛋 | 2个 |
| 薏米 | 50克 |
| 淮山药 | 30克 |
| 白茯苓 | 20克 |
| 白糖 | 2大匙 |

## 靓粥功效

　　本款靓粥具有益肾补脾、强体固精之功效，能辅助治疗脾肾两虚、精关不固、遗精早泄、腰膝酸软、神疲乏力、头晕目眩等症。

## 做　法

**1** 将淮山药、白茯苓分别洗涤整理干净，分别用研磨机研磨成粉末状，取出。

**2** 将鸡蛋放入冷水锅内，置于火上烧煮至熟，取出鸡蛋，过凉，剥去外壳，取出蛋清和蛋黄。

**3** 薏米用清水淘洗干净，再放入清水中浸泡2小时，放入搅拌器内搅打成薏米糊，取出。

**4** 将糯米淘洗干净，再放入清水中浸泡2小时，连浸泡的清水一起倒入净锅内煮沸。

**5** 再加入磨好的山药粉、白茯苓粉，倒入薏米粥搅拌均匀，用旺火煮沸。

**6** 再改用小火煮至糯米熟烂，然后撒入白糖、鸡蛋清、鸡蛋黄搅拌均匀，即可装碗上桌。

### 陈皮鸡丝

鸡胸肉+陈皮=适用于食欲不振、营养不良等

❶陈皮浸泡至软，再放清水锅内煮沸，捞出用冷水过凉，沥水，用刀刮去皮内白膜，切成丝，加上少许精盐拌匀、稍腌。

❷鸡胸肉洗净，放入加有料酒和姜片的沸水锅中煮至熟，捞出晾凉，切成丝，加黄瓜丝、料酒、精盐、白糖、香油、鸡精和辣酱油拌匀即可。

靓粥・小菜

**药料宝典**

淮山药

♥ 淮山药又称山药，味甘、性平，入肺、脾、肾经，具有健脾补肺、益胃补肾、固肾益精、聪耳明目、长志安神、延年益寿的功效，主治脾胃虚弱、倦怠无力、食欲缺乏、久泄久痢、肺气虚燥、痰喘咳嗽。

除燥清热、润肺又止咳

# 海椰黑糯米粥 <黑白双色，软糯香甜>

## 原料

| | |
|---|---|
| 黑糯米 | 125克 |
| 海底椰 | 100克 |
| 白糖 | 适量 |

## 做法

1 将海底椰洗净，切成细块；黑糯米淘洗干净，除去杂质，放入清水中浸泡4小时Ⓐ。

2 将黑糯米放入净锅内，加入适量沸水，用旺火煲约30分钟。

3 再放入海底椰块Ⓑ，改用小火煲煮约20分钟，然后放入白糖煮至溶化，即可出锅装碗。

### 靓粥功效

　　本款靓粥具有滋阴润肺、除燥清热、润肺止咳等功效，对慢性咽喉炎引起的咳嗽等症有一定的食疗功效。

美白肌肤，减肥效果强

# 薏米红枣粥 <米烂枣香，味美适口>

## 原料

| 薏米 | 150克 |
| 糯米 | 75克 |
| 红枣 | 50克 |
| 白糖 | 3大匙 |
| 冰糖 | 25克 |

### 靓粥功效

本款靓粥具有温暖脾胃，补中益气、美白肌肤的功效，其减肥又不伤身体，尤其是对于中老年肥胖者效果更佳。

## 做法

1 将薏米、糯米分别择洗干净，再放入清水浸泡约5小时，捞出沥水。

2 将红枣洗净，放在小碗内，上屉旺火蒸10分钟，取出、晾凉，切成两半，去掉枣核。

3 净锅置火上烧热，加上适量清水煮沸，先放入薏米煮约40分钟，再下入糯米续煮约30分钟。

4 然后放入红枣、白糖、冰糖煮至米粒开花成粥，出锅盛入碗中，上桌即成。

润肤美容、补血又养颜

# 粟米鸡蛋粥 <色泽美观，甜润浓香>

## 原料

| 玉米 | 250克 |
| 鸡蛋 | 2个 |
| 红糖 | 100克 |
| 糖桂花 | 1小匙 |

## 靓粥功效

　　本款靓粥具有润肠通便、润肤美容、补血养颜的功效，对身体虚弱、痛经有疗效，还可以延缓衰老、防癌抗癌。

## 做法

1. 将玉米洗净，整个放入清水锅内，用中小火煮约20分钟，捞出玉米，剥取玉米粒。

2. 将鸡蛋磕入碗中，搅散成鸡蛋液；红糖放在小碗内，加上糖桂花拌匀，上屉蒸5分钟，取出成红糖桂花汁。

3. 不锈钢锅上火，加入适量清水，先放入玉米粒，用旺火煮沸，再转小火煮至玉米粥将熟。

4. 然后倒入鸡蛋液续煮片刻，再加入红糖桂花汁调拌均匀，即可出锅装碗。

# 车前子玉米粥

清热降火、瘦身又减肥

〈玉米软嫩，清香适口〉

## 原料

| | |
|---|---|
| 玉米粒 | 100克 |
| 车前子 | 25克 |
| 白糖 | 适量 |

## 靓粥功效

本款靓粥具有清热降火、利尿通淋、瘦身减肥之功效，适宜泌尿系统感染、前列腺炎、膀胱湿热、尿频尿急、尿痛尿少等症。

## 做法

**1** 将车前子洗净，用纱布包好成药料包；玉米粒淘洗干净，放入清水中浸泡2小时。

**2** 不锈钢锅上火，加入适量清水，先放入车前子药料包煮约15分钟，捞除料包不用。

**3** 再加入玉米粒续煮至粥成，然后加入白糖调好口味，即可出锅装碗。

### 烹饪宝典

❤ 玉米的食用方法很多，整个玉米可蒸、煮、烤等。尚未成熟的极嫩玉米称为玉米笋，可用于制作菜肴。玉米取粒磨成粉或压成碎末，可制作窝头、丝糕等小吃，或煮各种玉米粥食用。

183

**食材宝典**

♥ 牛蛙肉属于高蛋白、低脂肪、低胆固醇的健康食材，其原产北美地区，20世纪50年代从古巴、日本引进我国内陆，但20世纪80年代后期在我国才得到发展，现全国各地均有养殖，主要集中在湖南、江西、新疆、四川、湖北等地。

**牛蛙**

养心安神、补气又益体

# 滋补牛蛙粥 <米烂蛙香，鲜咸味美>

## 原　料

| | |
|---|---|
| 糯米 | 100克 |
| 牛蛙 | 1只 |
| 大葱 | 25克 |
| 姜块 | 15克 |
| 精盐 | 1小匙 |
| 料酒 | 1大匙 |
| 味精 | 1/2小匙 |

### 靓粥功效

　　本款靓粥具有滋阴壮阳、养心安神、补气益体的功效，对消化功能差或胃酸过多的人以及体质弱者有比较好的食疗效果。

## 做　法

**1** 将牛蛙宰杀，从牛蛙嘴部撕一小口，再顺势撕下牛蛙整个外皮，剁去头、爪，去除内脏，换清水洗净；大葱洗净，切成段；姜块洗净，拍碎。

**2** 将牛蛙放在大碗内，加入葱段、姜块、料酒、精盐调拌均匀，稍腌15分钟。

**3** 将大碗放入蒸锅中，用旺火蒸至牛蛙熟烂脱骨，取出牛蛙，拣去牛蛙骨、葱、姜不用，留净牛蛙肉、牛蛙汤；糯米淘洗干净，再浸泡2小时。

**4** 将淘洗干净的糯米放入净锅内，加上适量清水煮沸，再转小火熬成米粥。

**5** 然后倒入牛蛙汤和牛蛙肉，加入味精调匀，续煮约5分钟，即可出锅装碗。

### 贡菜豆腐干

豆腐干+贡菜=健胃利尿、减肥效果佳

❶贡菜泡发，洗净，切成小段，放入沸水中焯烫一下，捞出过凉；豆腐干切成丝，放入沸水锅内焯烫一下，捞出沥水。

❷锅中加入香油烧热，下入姜丝炒出香味，再放入干辣椒末炸香，出锅倒入碗中成辣椒油，加入贡菜段、豆腐干丝、红椒丝、精盐、胡椒粉拌匀，装盘即可。

靓粥⌣小菜

# 益寿红米粥

降压降脂、养颜又补血

〈色泽美观，甜香适口〉

## 原 料

| | |
|---|---|
| 红米 | 100克 |
| 鲜淮山 | 75克 |
| 枸杞子 | 10克 |
| 姜片 | 15克 |
| 冰糖 | 适量 |

## 做 法

1. 红米淘洗干净，放入清水中浸泡6小时Ⓐ；鲜淮山去皮，切成小块；枸杞子洗净。

2. 将红米放入净锅内，加入适量清水煮沸，再改用慢火煮约30分钟。

3. 然后放入鲜淮山、枸杞子、姜片，煮至鲜淮山熟透Ⓑ，再放入冰糖煮至溶化，即可出锅装碗。

### 靓粥功效

　　本款靓粥具有健脾消食、活血化瘀、降压降脂、补血养颜的功效，对贫血、夜盲症、脚气病、疲劳、精神不振和失眠等症有食疗功效。

健脾厚肠、养心又益肾

# 黑糯米甜麦粥 <米糯麦香，甜润味美>

## 原料

| | |
|---|---|
| 黑糯米 | 150克 |
| 小麦 | 100克 |
| 姜块 | 15克 |
| 白糖 | 适量 |
| 蜂蜜 | 1大匙 |
| 糖桂花 | 少许 |

## 靓粥功效

　　本款靓粥具有养心益肾、健脾厚肠、除热止渴功效，主治口干咽燥、小便不畅、失眠等症。

## 做法

**1** 黑糯米、小麦分别淘洗干净，放入清水中浸泡4小时；姜块洗净，去皮，切成细末。

**2** 净锅置火上，先加入3大匙清水，再放入白糖、蜂蜜熬煮5分钟，离火倒入小碗内，晾凉后加上糖桂花调拌均匀成糖汁。

**3** 净锅复置火上，加入适量清水煮沸，放入黑糯米和小麦煮调匀，再沸后改用小火煮约40分钟，加入糖汁拌匀，出锅装碗即成。

## 原料

| | |
|---|---|
| 糯米 | 300克 |
| 鲜藕 | 200克 |
| 花生、红枣 | 各50克 |
| 白糖 | 100克 |
| 桂花酱 | 1大匙 |

## 靓粥功效

本款靓粥具有健脾止泻、开胃助食、养血补心的功效，孕妇、产后体虚、食欲不佳者皆可食用此粥。

## 做法

1　将糯米淘洗干净，放入清水中浸泡3小时；红枣去掉枣核，洗净；花生用清水洗净。

2　将鲜藕洗净，去皮，顶刀切成片，再放入沸水锅中，加入白糖，用小火煮至熟烂，制成糖藕。

3　坐锅点火，加入适量的清水煮沸，先放入泡好的糯米煮至米粒开花。

4　再下入桂花酱、糖藕、花生、大枣，用旺火煮至熟烂，出锅盛入碗中即成。

# 桂花糖藕粥

开胃助食、养血又补心

〈色泽淡雅，甜而不腻〉

和胃健脾、益气又消积

# 小枣高粱米粥 <色泽美观，清香甜润>

## 原料

| | |
|---|---|
| 高粱米 | 200克 |
| 红小枣 | 150克 |
| 白糖 | 2大匙 |
| 水淀粉 | 3大匙 |
| 桂花、食用碱 | 各少许 |

## 靓粥功效

本款靓粥具有和胃健脾、益气消积功效，主治小儿脾胃虚弱，消化不良，饮食减少，腹泻便溏等症。

## 做法

1 将高粱米去掉杂质，淘洗干净，再放入清水中浸泡4小时；红小枣洗净，放在小碗内，上屉蒸5分钟，取出红小枣，去掉枣核。

2 砂锅上火，加入适量清水煮沸，先放入高粱米和少许食用碱煮至沸。

3 撇去表面浮沫，再转成小火，放入红小枣续煮至熟，见高粱米浮起时，用水淀粉勾薄芡，加入白糖、桂花调拌均匀，即可装碗上桌。

189

预防高血压及动脉硬化

# 薯瓜粉粥 <色泽美观, 软糯浓香>

## 原料

| | |
|---|---|
| 玉米 | 250克 |
| 玉米面 | 200克 |
| 红薯 | 150克 |
| 南瓜 | 125克 |
| 食用碱 | 少许 |
| 冰糖 | 适量 |

## 靓粥功效

本款靓粥具有补中和气、益气生津、滑肠通便之功效, 可用于习惯性便秘的治疗, 还可预防高血压、动脉硬化、肥胖症等。

## 做法

**1** 将玉米洗净, 连外皮一起放入净锅内, 加入清水淹没玉米, 置火上煮约15分钟, 取出玉米, 晾凉, 剥去外皮, 取玉米嫩粒。

**2** 红薯削去外皮, 洗净, 切成3厘米大小的块; 南瓜去根, 削去外皮, 去掉南瓜瓤, 切成鸡蛋大小的块状; 玉米面放容器内, 加入适量清水拌匀成玉米糊。

**3** 净锅置火上, 加入适量清水烧煮至沸, 先放入嫩玉米粒和少许食用碱煮约5分钟。

**4** 撇去浮沫, 再加入红薯块、南瓜块, 继续用小火熬煮约10分钟至近熟香。

**5** 然后均匀地撒上玉米糊, 边撒边用勺子不断地搅动 (以免煳锅), 待全部完成后, 转小火煮至粥熟, 加入冰糖煮至溶化即可。

### 麻酱拌茼蒿

茼蒿+芝麻酱=对肠燥便秘、贫血有疗效

❶芝麻酱放入小碗内, 加入米醋、酱油、精盐、味精、白糖, 淋入芥末油、香油, 用筷子充分搅匀成稀糊状的味汁。

❷茼蒿去根, 洗净, 下入加有精盐的沸水锅中焯烫一下, 捞出放入冷水中浸凉, 取出, 切成小段, 放入盘中, 撒上红椒丝和葱丝, 浇上调好的味汁, 食用时拌匀即可。

靓粥·小菜

食材宝典

红薯

❤ 红薯为一年或多年生草蔓性藤本植物，起源于墨西哥及热带美洲地区。我国红薯系16世纪末从南洋引入，目前我国的甘薯种植面积和总产量均占世界首位。红薯的品种较多，如按皮色有白色、黄色、红色、淡红色、紫红色等。

对食欲不振、病后体虚有疗效

# 橘香鱼肉粥 <米软鱼鲜，咸香适口>

## 原 料

| | |
|---|---|
| 糯米 | 150克 |
| 鲤鱼 | 1条(约500克) |
| 苎麻根 | 15克 |
| 橘皮 | 适量 |
| 精盐 | 少许 |

## 靓粥功效

　　本款靓粥具有养阴利水，和胃消肿的功效，适用于食欲不振、病后体虚、小便不利、下肢水肿等症。

## 做 法

1 将苎麻根用温水浸泡并漂洗干净，沥净水分；橘皮用清水浸泡至软，洗净；糯米淘洗干净。

2 鲤鱼宰杀，刮去鱼鳞，去掉鱼鳃和内脏，用清水洗净，擦净水分，在鱼身两侧斜划几刀。

3 不锈钢锅上火，加入适量清水，先放入苎麻根、鲤鱼、橘皮，用旺火煮沸，再转小火煨煮至鲤鱼熟烂。

4 然后捞出鲤鱼，加入糯米煮至粥熟，再用精盐调好口味，出锅装碗即可。

滋润生津、消暑又解渴

# 陈皮绿豆粥 <甜润清香，解暑佳品>

## 原料

| 绿豆 | 200克 |
| 大米 | 50克 |
| 陈皮 | 5克 |
| 白糖 | 适量 |

## 靓粥功效

本款靓粥具有祛热益气、排毒解毒功效，主治暑热烦渴、小便短赤等症。

## 做法

**1** 绿豆、大米淘洗干净，放入清水中浸泡5小时；陈皮用温水浸泡至软，取出，放在小碗内，上屉蒸5分钟，晾凉，切成细丝。

**2** 锅中加入适量清水，放入绿豆、大米、陈皮煮沸，再改用中火煲约1小时。

**3** 然后加入白糖煮至溶化，改用旺火煮约5分钟至浓稠，即可出锅装碗。

补中益气、固肠又止泄

# 固肠浓米粥 <色泽淡雅，清香甜润>

## 原 料

| | |
|---|---|
| 糯米 | 100克 |
| 山药 | 50克 |
| 胡椒 | 少许 |
| 白糖 | 适量 |

## 靓粥功效

本款靓粥具有补中益气、固肠止泄、益肺固精功效，主治消化不良、食欲不振、遗精盗汗、虚劳咳嗽等症。

## 做 法

**1** 将糯米淘洗干净，用清水浸泡2小时；胡椒放入研磨器内研磨成胡椒粉。

**2** 山药去根，削去外皮，放入淡盐水中浸泡并洗净，捞出沥水，切成小块。

**3** 不锈钢锅上火，先放入糯米略炒片刻，再加入山药块和适量清水同煮20分钟。

**4** 然后放入胡椒粉、白糖调匀，改用旺火煮至浓稠熟香，出锅装碗即成。

PART 5

滋养药膳粥

强心利尿、保肝降血糖

# 山药地黄粥 <色泽美观，甜润清香>

## 原料

| | |
|---|---|
| 大米 | 150克 |
| 山药 | 60克 |
| 熟地黄 | 30克 |
| 白茯苓 | 25克 |
| 红糖 | 2大匙 |
| 蜂蜜 | 1大匙 |
| 糖桂花 | 2小匙 |

## 靓粥功效

　　本款靓粥具有强心利尿、保肝降糖、抗炎消菌等功效，主治血虚萎黄、眩晕心悸、腰膝酸软、耳鸣耳聋、头目昏花等症。

## 做法

1 将熟地黄、白茯苓分别洗涤整理干净，沥净水分，放入净锅内，加入适量的清水煮沸，改用小火熬煮20分钟，出锅留取药汁；大米淘洗干净。

2 山药去根，削去外皮，用清水洗净，切成小块，放入搅拌器内，加入少许清水搅打均匀成山药汁。

3 净锅置火上，加入3大匙清水煮沸，再放入红糖、蜂蜜调匀，用小火熬煮5分钟，离火后过滤去掉杂质，倒在小碗内，加上糖桂花拌匀成蜜汁。

4 不锈钢锅上火，放入大米、药汁煮沸，再转小火煮至米烂粥稠。

5 然后加入山药汁调匀，放入熬煮好的蜜汁拌匀，即可出锅装碗。

### 爽口老虎菜

**卷心菜+青红椒=促进食欲、美颜有效果**

❶卷心菜去掉根和老叶，洗净，切成10厘米长、0.5厘米粗的丝；青椒、红椒洗净，去蒂、去籽，切成细丝；香菜洗净，切成小段。

❷盆中加入精盐、味精、白糖、白醋、蒜蓉、香油调匀成味汁，放入卷心菜丝、青椒丝、红椒丝、香菜段充分拌匀，装盘上桌即可。

靓粥·小菜

药料宝典

♥ 地黄又称干地黄、原生地、干生地,多年生草本植物,因其地下块根为黄白色而得名。地黄在药材上分为鲜地黄、干地黄与熟地黄,同时其药性和功效也有较大的差异,按照《中华本草》功效分类:鲜地黄为清热凉血药;熟地黄则为补益药。

补脾益血、除烦又止渴

# 黄芪红枣粥 <香甜微苦，浓烂滑润>

## 原料

| 大米 | 100克 |
|------|-------|
| 生黄芪 | 30克 |
| 红枣 | 6粒 |
| 红糖 | 2大匙 |

## 靓粥功效

本款靓粥具有补脾益血、除烦止渴、益气补中的功效，主治肺脾气虚、中气下陷、表虚不固、汗出异常等症。

## 做法

1 将生黄芪用清水浸泡并洗净，沥净水分，切成小薄片；大米用清水淘洗干净，除去其中的杂质。

2 红枣用清水洗净，放在小碗内，上屉蒸5分钟，取出红枣，除去枣核。

3 将大米、黄芪片、红枣肉一同放不锈钢锅内，加入适量清水调匀。

4 先用旺火烧煮至沸，再用小火煮约40分钟至粥熟，出锅时再加上红糖即可。

补气养阴、生津又清热

# 冰糖洋参粥 <色泽淡雅，甜润清香>

## 原料

| | |
|---|---|
| 大米 | 100克 |
| 西洋参片 | 3克 |
| 冰糖 | 2小匙 |

## 靓粥功效

本款靓粥具有补气养阴，清热生津功效，主治气虚阴亏、咳喘痰血、虚热烦倦等症。

## 做法

1 大米用清水淘洗干净，再放入清水盆内浸泡30分钟；西洋参片洗净。

2 将大米、西洋人参片放入锅中，加入适量清水，先用旺火煮沸，再转小火煨煮成粥，出锅装入大碗内。

3 将冰糖放在案板上砸碎，再放入净锅中，加入少许清水熬煮成冰糖汁，然后慢慢倒入盛有米粥的大碗中，搅拌均匀即可。

补气除湿、滋阴又润燥

# 茯苓黄芪粥 <大米软烂，甜润清香>

## 原料

| | |
|---|---|
| 大米 | 100克 |
| 茯苓、黄芪 | 各30克 |
| 精盐 | 少许 |
| 白糖 | 100克 |
| 蜂蜜 | 1大匙 |
| 桂花酱 | 2小匙 |

## 靓粥功效

本款靓粥具有补气除湿、补肾养血、滋阴润燥之功效，适用于久病体虚、气血双虚的贫血、乏力、自汗者食用。

## 做法

1 将茯苓烘干，打成细粉；黄芪用清水洗净，切成小片；大米淘洗干净。

2 将淘洗好的大米放入净锅内，加入适量清水，再放入黄芪片和精盐调匀。

3 锅置旺火上煮沸，转小火煮约30分钟至米粥刚熟，加入茯苓粉再煮5分钟。

4 然后放入白糖、蜂蜜、桂花酱，充分调拌均匀，出锅装碗即成。

# 阿胶羊腰粥

补肾助阳、益精又通便

〈米烂腰嫩，清香味美〉

## 原料

| | |
|---|---|
| 大米 | 100克 |
| 阿胶 | 10克 |
| 羊腰 | 1只 |
| 白糖 | 1大匙 |
| 料酒 | 1/2大匙 |

## 靓粥功效

　　本款靓粥具有补肾助阳、益精通便的功效，适用于中老年人肾阳虚衰所致的畏寒肢冷、腰膝冷痛、小便频数、夜间多尿、便秘等。

## 做法

1　将阿胶冲洗干净，放在小碗内，上屉蒸10分钟；大米淘洗干净，除去杂质。

2　将羊腰洗净，除去外膜，一切两半，片净腰臊，表面剞上十字花刀，切成小块，放入沸水锅内焯烫一下，捞出羊腰，沥净水分。

3　将大米、阿胶、羊腰花、料酒一同放入炖锅内，加入适量清水调匀。

4　置旺火上煮沸，再用小火炖煮约35分钟，加入白糖调匀，出锅装碗即成。

**药料宝典**

罗汉果

♥ 罗汉果又称假苦瓜、拉汉果、光果木鳖、金不换、罗汉表等，葫芦科多年生藤本植物。罗汉果味甘、性凉，归肺、脾经，具有清肺利咽、化痰止咳、润肠通便之功效，主治痰火咳嗽、咽喉肿痛、伤暑口渴、肠燥便秘等症。

清咳润燥、健脾又和胃

# 罗汉果杞子粥

<米粥软嫩，甜香适口>

## 原料

| | |
|---|---|
| 大米 | 150克 |
| 罗汉果 | 2个 |
| 枸杞子 | 15克 |
| 老姜 | 25克 |
| 大葱 | 15克 |
| 冰糖 | 适量 |

### 靓粥功效

本款靓粥具有补肺益气、清咳润燥、健脾和胃、促进消化功效，主治发热胸闷、咳嗽气喘、痰多、小便短黄等症。

## 做法

1 将大米淘洗干净；罗汉果洗净，压碎；老姜去皮，洗净，切成大片；大葱去根和老叶，洗净，切成小段；枸杞子择洗干净，沥净水分。

2 将罗汉果、枸杞子放在小碗内，加入葱段、姜片和少许清水，上屉用旺火蒸约10分钟，出锅，捞出罗汉果和枸杞子。

3 不锈钢锅置火上，加入适量清水，先放入大米、罗汉果，用旺火煮沸。

4 再转小火熬至粥成，撇去表面浮沫，然后加入枸杞子，继续用小火煮5分钟，加入冰糖煮至溶化，离火出锅，装碗上桌即成。

### 豆干辣白菜

豆腐干+白菜=预防感冒、缓解压力

❶豆腐干切丝，放入沸水锅内焯烫一下，捞出晾凉；大白菜洗净，切成丝，加入精盐腌约2分钟至白菜丝变软，洗去盐分，沥干水分。

❷将白菜丝、辣椒丝、葱丝、蒜末、豆干丝、香菜段、辣椒油、香油、精盐、鸡精、米醋、白糖一起放容器内拌匀，装盘上桌即可。

靓粥 小菜

# 人参枸杞粥

补血养颜、健脾又益肺

〈粥浓参软，清香适口〉

## 原料

| 大米 | 150克 |
| 人参 | 25克 |
| 枸杞子 | 20克 |

## 做法

1 将人参洗净，放入清水中泡透，捞出后沥净水分，切成小片；枸杞子去掉果柄、杂质，用清水漂洗干净ⓐ；大米淘洗干净ⓑ。

2 将大米、枸杞子、人参片一同放入净锅中，加入适量清水，先用旺火烧煮至沸，再改用小火煮约35分钟，即可出锅装碗。

## 靓粥功效

本款靓粥具有补血养颜、健脾益肺、滋阴壮阳、宁神增智、生津止渴等功效，适用于诸虚劳损、食少乏力、失眠健忘、肾虚腰痛等症。

补益肝肾、乌发效果佳

# 首乌芝麻粥 <软糯味美，甜润浓香>

## 原料

| | |
|---|---|
| 大米 | 100克 |
| 何首乌 | 30克 |
| 黑芝麻 | 20克 |
| 大枣 | 3枚 |
| 冰糖 | 少许 |

## 靓粥功效

本款靓粥具有益肝肾、抗衰老、乌须发功效，适用于肝肾不足所致的须发早白、脱发，以及老年性高血脂等。

## 做法

1 将何首乌漂洗干净；大米淘洗干净，放入清水盆内浸泡1小时。

2 砂锅置火上加热，加入适量清水，放入何首乌，用中火煎煮15分钟，离火后取何首乌浓汁。

3 不锈钢锅置火上加热，放入大米、黑芝麻、大枣、何首乌浓汁旺火煮沸。

4 再转小火煮约40分钟至米烂粥成，加入冰糖熬煮至溶化，出锅装碗即成。

## 原 料

| | |
|---|---|
| 大米 | 100克 |
| 百合 | 20克 |
| 玉竹 | 20克 |
| 冰糖 | 2大匙 |

### 靓粥功效

本款靓粥具有滋阴润燥、生津止渴的功效，主治热病伤阴、咳嗽烦渴、虚劳发热、小便频数等症。

## 做 法

**1** 百合去掉根，掰取百合花瓣，用清水洗净，放入沸水锅内焯烫一下，捞出沥水。

**2** 玉竹用清水浸泡并洗净，改刀切成4厘米长的小段；大米淘洗干净。

**3** 将百合瓣、玉竹段放入净锅内，再加入大米和适量清水拌匀。

**4** 锅置旺火上煮沸，用小火煮45分钟至粥熟，加入冰糖煮至溶化，出锅装碗即成。

# 百合玉竹粥

滋阴润燥、生津又止渴

〈色泽淡雅，清香甜润〉

下气消积、杀虫又解毒

# 槟榔甜粥 <大米软嫩，甜香味厚>

## 原料

| | |
|---|---|
| 大米 | 150克 |
| 槟榔 | 15克 |
| 莱菔子 | 10克 |
| 白糖、冰糖 | 各1大匙 |
| 蜂蜜、糖桂花 | 各少许 |

## 靓粥功效

本款靓粥具有下气消积、杀虫解毒的功效，主治食积气滞、脘腹胀满、大便不爽，以及多种肠道寄生虫病等。

## 做法

1 将大米去掉杂质，用清水淘洗干净，再放清水中浸泡；槟榔洗净，剁成碎粒。

2 净锅置火上烧热，下入莱菔子煸炒出香味，离火、出锅、晾凉。

3 锅置火上，放入清水、大米、槟榔、莱菔子烧煮至沸，再用小火煮成大米粥。

4 撇去米粥表面的浮沫，加入白糖、蜂蜜、冰糖和糖桂花搅匀，出锅装碗即成。

和胃理气、化痰又止咳

# 陈皮大米粥 <红白双色，甜香味美>

## 原料

| | |
|---|---|
| 大米 | 150克 |
| 陈皮 | 10克 |
| 老姜 | 1小块 |
| 白糖 | 2大匙 |
| 蜂蜜 | 1大匙 |

## 靓粥功效

本款靓粥具有和胃理气、化痰止咳、消食清热功效，主治脾胃亏虚、脘腹胀满、肋胁疼痛、嗳气频作、食欲不振、纳差食少、恶心呕吐、咳嗽痰多等。

## 做法

1. 将陈皮放入清水中浸泡至发透，捞出、沥净水分，去除皮上白膜，切成小块。

2. 大米淘洗干净，放入清水盆内拌匀，浸泡2小时；老姜去皮，洗净，切成细丝。

3. 净锅置火上加热，下入2大匙清水，放入白糖和蜂蜜熬煮5分钟，出锅晾凉成糖汁。

4. 不锈钢锅上火，加入适量清水，先放入大米、陈皮块和姜丝，用旺火煮沸。

5. 再转小火炖煮35分钟，待米粥黏稠时，加入熬煮好的糖汁拌匀，出锅装碗即成。

### 黄瓜拌梨丝

黄瓜+鸭梨=清喉降火、改善食欲不振

❶鸭梨洗净，削去外皮，去掉果核，切成细丝，放入凉开水中浸泡；黄瓜用清水洗干净，沥水，切去两头，与山楂糕均切成细丝。

❷把浸泡好的鸭梨丝取出，轻轻攥干水分，码入盘中，再放入山楂糕丝、黄瓜丝，最后加入白糖、糖桂花拌匀，即可上桌食用。

靓粥·小菜

**药料宝典**

陈皮

♥ 陈皮又称橘皮、广陈皮，为芸香科植物橘及其栽培变种的成熟果皮。陈皮味辛、苦，性温，归脾、胃、肺经，具有理气和中、燥湿化痰、利水通便的功效，主治脾胃不和，不思饮食，呕吐哕逆，痰湿阻肺，咳嗽痰多，胸膈满闷，头晕目眩。

美白肌肤、养颜又润发

# 桂圆核桃粥 <色泽美观，甜香味美>

**原 料**

| 大米 | 250克 |
|------|-------|
| 核桃 | 20克 |
| 桂圆 | 10克 |
| 枸杞子 | 少许 |

**做 法**

1 将桂圆剥去外壳，用清水浸泡，捞出后去掉桂圆核，取净桂圆肉；核桃敲碎外壳，用清水浸泡并洗净；大米淘洗干净Ⓐ。

2 不锈钢锅上火，加入适量清水，先放入大米、桂圆肉、核桃仁和枸杞子调匀Ⓑ。

3 先用旺火煮至沸，再转小火熬煮30分钟，待米粥黏稠时，即可出锅装碗。

补益心脾、养血又安神

# 桂圆姜米粥 <米烂桂香，口味香浓>

## 原料

| | |
|---|---|
| 糯米 | 150克 |
| 桂圆 | 15克 |
| 姜块 | 10克 |
| 红糖 | 适量 |

## 靓粥功效

本款靓粥具有补益心脾、养血安神的功效，主治劳伤心脾、思虑过度、身体瘦弱、健忘失虑、月经不调等症。

## 做法

**1** 将糯米淘洗干净，再放入清水内浸泡2小时；姜块去皮，洗净，切成菱形小片。

**2** 将桂圆剥去外壳，去掉果核，放在小碗内，上屉蒸5分钟，取出晾凉。

**3** 不锈钢锅上火，加入适量清水，先放入糯米、桂圆肉、姜片煮至米烂粥熟。

**4** 撇去米粥表面的浮沫，再放入红糖调拌均匀，出锅装碗即成。

滋补肝肾、补血又养颜

# 红枣枸杞粥 <红白双色，清甜入口>

## 原 料

| 大米 | 100克 |
| 红枣 | 6枚 |
| 枸杞子 | 15克 |
| 姜块 | 10克 |
| 白糖 | 1大匙 |

### 靓粥功效

本款靓粥具有滋补肝肾、补血养颜的功效，主治贫血、血小板减少、肝炎、心悸失眠、疲乏无力、慢性支气管炎等症。

## 做 法

1 将大米淘洗干净，放入清水中浸泡2小时；红枣洗净，泡软，切成两半，再去除果核。

2 枸杞子去除蒂柄，洗净，沥干；姜块去皮，洗净，沥干水分，切成细丝。

3 净锅置上火，加入适量清水，先放入大米、红枣、枸杞子和姜丝，用旺火煮沸。

4 再转小火煮至米粥将成，然后加入白糖调拌均匀，即可出锅装碗。

# 枇杷罗汉果粥

润肺止渴、止咳又下气

〈粥浓果香，香甜味美〉

## 原 料

| | |
|---|---|
| 大米 | 50克 |
| 枇杷叶 | 30克 |
| 罗汉果 | 1个 |
| 冰糖 | 适量 |

## 靓粥功效

本款靓粥具有润肺止渴、止咳下气的功效，主治肺热咳嗽、风热咳嗽、肺虚久嗽等症。

## 做 法

1 将枇杷叶刷去背面绒毛，用清水洗净，沥净水分，切成碎粒，再用布袋装好扎牢。

2 罗汉果用清水漂洗干净，沥水，压成碎粒；大米淘洗干净，再放入清水中浸泡2小时。

3 砂锅中加入适量清水，放入大米、罗汉果和装枇杷叶的布袋，先用旺火煮沸。

4 再转小火熬煮成米粥，然后取出布袋，加入冰糖调匀，即可出锅装碗。

**药料宝典**

人参

♥ 人参又称山参、黄参、玉精，多年生草本植物。人参味甘、微苦，性微温，归脾、肺、心、肾经，具有补气固脱、健脾益肺、宁心益智、养血生津的功效，主治大病、久病、失血、脱水所致元气欲脱、神疲脉微。

安神定志、大补元气

# 人参蜜粥 <色泽淡雅，清香甜润>

## 原 料

| | |
|---|---|
| 大米 | 150克 |
| 韭菜 | 75克 |
| 人参 | 10克 |
| 生姜、大葱 | 各25克 |
| 精盐 | 少许 |
| 蜂蜜 | 3大匙 |

## 靓粥功效

本款靓粥具有大补元气、补益脾肺、生津止渴、安神定志功效，适用于气虚欲脱、面色苍白、气短汗出、肢冷、脉微欲绝，及脾肺亏虚、津伤口渴、失眠多梦等。

## 做 法

1 将人参洗净，切成小片，用适量清水浸泡片刻（人参须也洗净，切成小粒）；大米淘洗干净。

2 韭菜去根和老叶，用清水洗净，剁成碎末，加入少许精盐拌匀，用纱布包裹好后挤出韭菜汁。

3 将大葱去根、老叶，用清水洗净；生姜去皮，洗净，沥水，全部放入搅拌器内，加入少许清水，中速搅打成葱姜浓汁，取出。

4 不锈钢锅置上火，放入大米、人参片及其水浸液，用小火煮至米烂粥稠。

5 再加入蜂蜜、葱姜浓汁和韭菜汁调拌均匀，续煮片刻，出锅装碗即成。

### 兔肉拌芦笋

兔肉+芦笋=和胃行气、有利营养吸收

❶兔肉放入锅中，加入适量清水煮至熟透，捞出沥水，用小木棒轻轻捶打至松软，再用手撕成均匀的兔肉丝。

❷锅中加入清水、精盐、植物油，下入芦笋丝焯烫一下，捞出沥水，加入红椒丝、兔肉丝拌匀，再加入精盐、味精、白糖，淋入花椒油搅拌均匀，装盘上桌即成。

靓粥·小菜

# 生姜葱白粥

和胃补中、提高人体免疫功能

〈米粥软嫩，清香味美〉

## 原料

| | |
|---|---|
| 大米 | 100克 |
| 葱白 | 20克 |
| 生姜 | 10克 |

## 做法

1 将生姜削去外皮，洗净，切成细丝；葱白洗净，切成葱花 **A**；大米淘净干净 **B**。

2 不锈钢锅上火，加入适量清水，先放入大米、姜丝、葱花，用旺火煮沸，再转小火煮约35分钟，待米粥黏稠时，即可出锅装碗。

## 靓粥功效

本款靓粥具有解表散寒、和胃补中、提高人体免疫功能、促进血液循环的功效，主治感冒风寒、阴寒腹痛、二便不通、疮痈肿痛等。

补脾和胃、养颜又美容

# 桃仁红枣粥 ＜米粥软嫩，红枣甜香＞

## 原　料

| 大米 | 100克 |
| --- | --- |
| 核桃 | 50克 |
| 红枣 | 6枚 |
| 白糖 | 适量 |

### 靓粥功效

　　本款靓粥具有润燥滑肠、补脾和胃、养颜美容的功效，主治伤风感冒、虚寒胃痛、虚弱无力等症。

## 做　法

1 将核桃敲碎外壳，放入温水中浸泡15分钟，捞出沥水，剔去子皮。

2 红枣用清水漂洗干净，沥净水分，去掉枣核；大米淘洗干净。

3 将大米、红枣、核桃仁一同放入锅中，先加入适量清水，用旺火煮沸。

4 再转小火煮45分钟至米烂粥熟，加入白糖调好米粥口味，出锅装碗即可。

## 索引 Indexes

▽索引 1
四季 Season

　▲春季
　▲夏季
　▲秋季
　▲冬季

▷索引 2
人群 People

### 春季 Spring

靓粥原则 ▼

　　春季是大自然万物复苏，阳气生发的季节，其特色气候为多雨、潮湿，细菌也开始繁殖，此时应食用具有保健防病功效的滋补粥。适宜春季食用的滋补粥有很多种，如用红枣配以黑米制作而成的红枣黑米粥，或者用粳米搭配性平食物煮制而成的粥品，或者用粳米搭配一些绿色蔬菜，如油菜、马齿苋等熬成的粥，均能起到保肝、防止肝炎、增加免疫力的作用。

适宜靓粥 ▼

三色米粥 62／百合萝卜粥 63／南瓜百合粥 67／
枸杞生姜豆芽粥 75／百合甜粥 76／椿芽白米粥 82／
干贝鸡肉粥 89／香葱鸡粒粥 120／菠菜鸡粒粥 123／
笋尖猪肝粥 125／花生鱼粥 131／鲜虾菠菜粥 140／
豆豉鱼汁粥 148／莲子百宝糖粥 156／蒲菜玉米粥 159／
黑糯米甜麦粥 187／橘香鱼肉粥 192／百合玉竹粥 206

### 夏季 Summer

靓粥原则 ▼

　　夏天气候炎热，人体代谢相对旺盛，出汗也比较多，多食用一些具有滋补功效的粥品不仅能为人体补充必须的维生素、矿物质、氨基酸等营养素，而且还可调节口味、增加食欲、消夏防暑、防病抗衰，对健康十分有益。夏季比较常见的滋补粥有绿豆桂花粥、银耳桂圆粥、苦瓜大米粥、山楂粳米粥等，能起到解暑防瘟、强体的作用。

适宜靓粥 ▼

荷叶玉米须粥 50／莲子木瓜粥 57／青菜米粥 68／
二瓜甜米粥 71／羊腩苦瓜粥 84／冬瓜鸭肉粥 93／
鸭肉糯米粥 96／枸杞鸡肉粥 115／金银鸭粥 116／
豆腐菜肉粥 122／蟹柳豆腐粥 133／金银黑米粥 157／
荔枝西瓜粥 169／海椰黑糯米粥 180／薏米红枣粥 181／
陈皮绿豆粥 193／罗汉果杞子粥 203／槟榔甜粥 207

# 秋季 Autumn

靓粥原则 ▾

　　秋季风干物燥，必须着重补充体液和水分，而各种时令水果和蔬菜除含有各种营养素外，还能滋阴养肺、润燥生津作用，故秋季可在熬煮米粥时，适当加些蔬菜或水果。此外秋季对于对中老年人和慢性病患者，可吃些具有滋补效果的靓品，比较常见的如红枣糯米粥、胡萝卜桂圆大米粥、百合枸杞羹等，有利于养阴清热、益肺润燥和清心安神。

适宜靓粥 ▾

山楂黑豆粥 51／红薯菜心粥 60／牛肉豆芽粥 87／
三色鸡粥 106／鲮鱼黄豆粥 128／鲩鱼挑柱粥 142／
香菇虾粥 143／粟米鱼粥 151／香芋黑米粥 168／
燕麦小米粥 175／小枣高粱米粥 189／薯瓜粉粥 190／
茯苓黄芪粥 200／桂圆核桃粥 210／枇杷罗汉果粥 213／
桃仁红枣粥 217／黄芪红枣粥 198

# 冬季 Winter

靓粥原则 ▾

　　冬季天气寒冷，人体热量消耗大，需要适当的补养，同时受外界气温的影响，体内可以储存热量，此时的补充营养很重要，多食用滋补粥（或汤羹）是防治感冒，强身益体的有效方法。鸡粥、骨头粥、鱼茸米羹、蔬菜杂粮粥等可使人体得到充足的补充，增强人体抵抗力和净化血液的作用，能及时清除呼吸道的病毒，有效地抵御感冒病毒发生。

适宜靓粥 ▾

赤小豆冬瓜粥 77／大枣山药粥 81／蘑菇瘦肉粥 88／
当归乌鸡粥 99／山药肉粥 101／人参仔鸡粥 103／
羊肝米粥 107／四宝鸡粥 111／煲羊腩粥 112／
鸽杞芪粥 118／狗肉粥 119／红枣海参淡菜粥 149／
雪蛤枸杞黑米粥 158／八珍仙粥 166／阿胶羊腰粥 201／
人参枸杞粥 204／首乌芝麻粥 205

▷ 索引 1
四季 Season

▽ 索引 2
人群 People

◢ 少年
◢ 女性
◢ 男性
◢ 老年

# 少年 Adolescent

靓粥原则 ▼

　　少年是儿童进入成年的过渡期，此阶段少年体格发育速度加快，身长、体重突发性增长是其重要特征。此外少年还要承担学习任务和适度体育锻炼，故充足营养是体格及性征迅速生长发育、增强体魄、获得知识的物质基础。少年的饮食要注意平衡，鼓励多吃谷类，如大米、黄豆等，以供应充足能量；保证鱼、禽、肉、蛋、奶、豆类和蔬菜供给，满足少年对蛋白质、钙、铁需要；此外可增加饮食中维生素C的含量，以增加铁吸收。

适宜靓粥 ▼

核桃木耳粥 53／青菜米粥 68／山楂乌梅粥 69／
二瓜甜米粥 71／牛肉豆芽粥 68／蘑菇瘦肉粥 88／
羊肝胡萝卜粥 91／猪脑米粥 95／干贝鸡肉粥 98／
鹌鹑肉豆粥 104／香葱鸡粒粥 120／豆腐菜肉粥 122／
花生鱼粥 131／生鱼片粥 137／鲜虾菠菜粥 140／
香菇虾粥 143／豆豉鱼汁粥 148／燕麦小米粥 175

# 女性 Female

靓粥原则 ▼

　　女性有着与男性不同的营养需要。女性可能需要很少的热量和脂肪，少量的优质蛋白质，同量或多一些的其他微量元素等。很多女性由于工作节奏快或者学习压力大，常常无暇顾及饮食营养和健康，有时候常吃快餐或方便食品，因而造成营养不平衡，时间长了必然会影响身体健康。女性饮食应包括适量的蛋白质和蔬菜、一些谷物和相当少量的水果和甜食，此外大量的矿物质尤为适合女性。

适宜靓粥 ▼

雪梨青瓜粥 52／莲子木瓜粥 57／首乌枣粥 56／
桂圆姜汁粥 78／三色鸡粥 106／瘦肉墨鱼香菇粥 130／
芦荟海参粥 139／雪蛤枸杞黑米粥 169／莲藕黑米粥 164／
小米红枣粥 165／荔枝西瓜粥 169／小米鸡蛋粥 177／
桂花糖藕粥 188／茯苓黄芪粥 200／阿胶羊腰粥 201／
百合玉竹粥 206／红枣枸杞粥 212／黄芪红枣粥 198

## 男性 Male

靓粥原则 ▼

　　男性作为一个社会生产、生活的主力军，承受着比其他群体更大的压力，受不良生活方式侵袭的机率较大，对自身营养关注不够，很容易发生因营养失衡而引起的一系列生活方式疾病。因此，关注男性营养，促使其采取良好的饮食方式，养成健康的饮食习惯，对于保护和促进其健康水平、保持旺盛的工作能力极为重要。男性在营养平衡的基础上，其基本膳食准则为节制饮食、规律饮食和加强运动。一般男性应该控制热能摄入，保持适宜蛋白质、脂肪、碳水化合物供能比，并增加膳食中钙、镁、锌摄入，以利于身体健康。

适宜靓粥 ▼

山楂黑豆粥 51 / 太子参山楂粥 64 / 蔬菜油条粥 72 /
萝卜羊肉粥 113 / 羊腩苦瓜粥 84 / 及第米粥 89 /
荸荠猪肚粥 92 / 强身米粥 94 / 人参仔鸡粥 103 /
烟肉白菜粥 108 / 狗肉粥 119 / 麻油猪肚粥 124 /
黄鱼蓉粥 132 / 鲍鱼鸡粥 136 / 鳝鱼浓粥 144 /
大蒜海参粥 150 / 甲鱼浓粥 152 / 滋补牛蛙粥 185

## 老年 Elderly

靓粥原则 ▼

　　人进入老年后，体内的营养消化、吸收功能及机体代谢机能均逐渐减退，从而导致机体各系统组织的功能引起一系列的变化，发生不同程度的衰老和退化。老年期对各种营养素有了特殊的需要，但营养平衡仍是老年人饮食营养的关键。老年营养平衡总的原则应该是热能不高；蛋白质质量高，数量充足；动物脂肪、糖类少；维生素和矿物质充足。所以据此可归纳为三低（低脂肪、低热能、低糖）、一高（高蛋白）、两充足（充足的维生素和矿物质），还要有适量的食物纤维素，这样才能维持机体的营养平衡。

适宜靓粥 ▼

桃仁杞子粥 56 / 红薯菜心粥 60 / 百合萝卜粥 63 /
大枣山药粥 81 / 椿芽白米粥 82 / 冬瓜鸭肉粥 93 /
山药肉粥 101 / 金银鸭粥 116 / 菠菜鸡粒粥 123 /
玉米瘦肉粥 154 / 蒲菜玉米粥 159 / 八珍仙粥 166 /
富贵双米粥 170 / 薏米南瓜粥 173 / 车前子玉米粥 183 /
益寿红米粥 186 / 山药地黄粥 196

# 让我们美味共享

对于初学者, 需要多长时间才能学会家常菜, 是他们最关心的问题。为此, 我们特意编写了《吉科食尚—7天学会》系列图书。只要您按照本套图书的时间安排, 7天就可以轻松学会多款家常菜。

《吉科食尚—7天学会》针对烹饪初学者, 首先用2天时间, 为您分步介绍新手下厨需要了解和掌握的基础常识。随后的5天, 我们遵循家常菜简单、实用、经典的原则, 选取一些食材易于购买、操作方法简单、被大家熟知的菜肴, 详细地加以介绍, 使您能够在7天中制作出美味佳肴。

《新编家常菜大全》是一本内容丰富、功能全面的烹饪书。本书选取了家庭中最为常见的100种食材, 分为蔬菜、食用菌豆制品、畜肉、禽蛋、水产品和米面杂粮六个篇章, 首先用简洁的文字, 介绍每种食材的营养成分、食疗功效、食材搭配、选购储存、烹调应用等, 使您对食材深入了解。随后我们根据食材的特点, 分别介绍多款不同口味, 不同技法的家常菜例, 让您能够在家中烹调出自己喜欢的多款美食。

### 《不时不食的24节气美味攻略》

　　本书以传统节气为主线,首先为读者介绍了关于每个节气的常识,如该节气的时间、黄经、意义、属性、气候特点、饮食养生、民俗风情等,使您对节气有所了解。随后我们根据该节气的特点,有针对性地介绍了多款家常实用菜肴。选取的每道菜肴都配以精美的图片,而对于一些深受大家喜欢的菜肴,我们还配以制作步骤图片并加以步步详解,简单、明了,一看就会,既做到色香味美,又可达到营养均衡的效果。

### 《阿生老火滋补靓汤》

　　老火汤流传了几百上千年,一直是广东人的心头至爱,每个广东人也都有老火汤的"一本经",比如"宁可食无菜,不可食无汤","不会吃的吃肉,会吃的喝汤","春天养肝,夏天祛湿,秋天润肺,冬天补肾","慢火煲煮,火候足,时间长,入口香甜"等。大家不仅爱老火汤的美味,更以此作为补益养生之道。作为广东餐饮文化之精髓的老火汤,不仅在广东人心中扎根,也在全国各地流传开来。为什么老火汤能具有如此巨大的影响力,是因为它的美味还是因为它的食疗功效?我觉得都不是,真正的原因是这碗老火汤背后所承载的款款浓情,无法替代的亲情,这才是老火汤的真正内涵。

### 《铁钢老师的家常菜》

　　家常菜来自民间广大的人民群众中,有着深厚的底蕴,也深受大众的喜爱。家常菜的范围很广,即使是著名的八大菜系、宫廷珍馐,其根本元素还是家常菜,只不过氛围不同而已。我们通过本书介绍给您的家常菜,是集八方美食精选,去繁化简、去糟求精。我也想通过我们的努力,使您的餐桌上增添一道亮丽的风景线,为您的健康尽一点绵薄之力。

　　本书通过对食材制法、主配料、调味品的解析,使您了解烹调的方法并进行精确的操作,一切以实际出发,运用绿色食材、加以简洁的制法,烹出纯朴的味道,是我们的追求,同时也是为人民健康服务的动力源泉。

投稿热线: 0431-85635186　18686662948　　QQ: 747830032

吉林科学技术出版社旗舰店jlkxjs.tmall.com

**图书在版编目（ＣＩＰ）数据**

阿生滋补粥 / 朱奕生主编. -- 长春 ：吉林科学技
术出版社，2014.7
ISBN 978-7-5384-7808-2

Ⅰ．①阿… Ⅱ．①朱… Ⅲ．①粥—保健—食谱 Ⅳ．
①TS972.137

中国版本图书馆CIP数据核字(2014)第125149号

主　　编　朱奕生
出 版 人　李　梁
策划责任编辑　张恩来
执行责任编辑　赵　渤
封面设计　长春创意广告图文制作有限责任公司
制　　版　长春创意广告图文制作有限责任公司
开　　本　720mm×1000mm　1/16
字　　数　300千字
印　　张　14
印　　数　1-10 000册
版　　次　2014年7月第1版
印　　次　2014年7月第1次印刷
出　　版　吉林科学技术出版社
发　　行　吉林科学技术出版社
地　　址　长春市人民大街4646号
邮　　编　130021
发行部电话/传真　0431-85677817　85635177　85651759
　　　　　　　　　　85651628　85600611　85670016
储运部电话　0431-86059116
编辑部电话　0431-85635186
网　　址　www.jlstp.net
印　　刷　沈阳天择彩色广告印刷股份有限公司
书　　号　ISBN 978-7-5384-7808-2
定　　价　29.90元
如有印装质量问题可寄出版社调换